德国排水技术基础课程问与答

[德] 汉内斯·费尔波 Hannes Felber
[德] 尤塔·奥斯特尔曼－华恩 Ute Austermann-Haun 著
唐建国 等 译

同济大学出版社
TONGJI UNIVERSITY PRESS
·上海·

图书在版编目（CIP）数据

德国排水技术基础课程问与答 /（德）汉内斯·费尔波，（德）尤塔·奥斯特尔曼-华恩著；唐建国等译. —上海：同济大学出版社，2023.7
ISBN 978-7-5765-0883-3

Ⅰ. ①德… Ⅱ. ①汉… ②尤… ③唐… Ⅲ. ①排水设备—德国—问题解答 Ⅳ. ①TU823-44

中国国家版本馆 CIP 数据核字（2023）第 136605 号

德国排水技术基础课程问与答

汉内斯·费尔波 Hannes Felber
尤塔·奥斯特尔曼-华恩 Ute Austermann-Haun 著
唐建国 等 译

责任编辑 宋 立
责任校对 徐春莲
封面设计 潘向蓁

出版发行 同济大学出版社 www.tongjipress.com.cn
（地址：上海市四平路 1239 号 邮编：200092 电话：021－65985622）
经　　销 全国各地新华书店、网络书店
印　　刷 苏州市古得堡数码印刷有限公司
开　　本 889mm×1194mm 1/32
印　　张 8.125
字　　数 218 000
版　　次 2023 年 7 月第 1 版
印　　次 2023 年 9 月第 2 次印刷
书　　号 ISBN 978-7-5765-0883-3
定　　价 68.00 元

译者信息

唐建国　上海市城市建设设计研究总院(集团)有限公司
蔡晙雯　汩鸿(上海)环保工程设备有限公司
张　琨　Chinesischer Verein für Ressourcen- und Umweltwissenschaft in Deuschland (CVRU e. V.)
留德华人资源与环境学会
刘　淼　Ing. -Büro Dipl. -Ing. K. Langenbach GmbH
德国朗恩巴赫(环境及道路)项目设计管理有限公司
恽云波　Forschungsinstitut für Wasserwirtschaft und Klimazukunft an der RWTH Aachen e. V. (FiW)
德国亚琛工业大学水和固废管理研究所
杭州水管家环保技术有限责任公司
魏源源　上海市城市建设设计研究总院(集团)有限公司
赵　刚　上海市城市建设设计研究总院(集团)有限公司
周传庭　上海市城市建设设计研究总院(集团)有限公司
王　聪　上海市城市建设设计研究总院(集团)有限公司
王贤萍　上海市城市建设设计研究总院(集团)有限公司
赵国志　上海市城市建设设计研究总院(集团)有限公司
蒋　明　上海市城市建设设计研究总院(集团)有限公司
崔　昱　上海市城市建设设计研究总院(集团)有限公司
梅晓洁　中国三峡集团长江生态环境工程研究中心(上海)
薛勇刚　维尔利环保科技集团股份有限公司
鲁　骎　上海济联数字科技有限公司

译者序

定期对排水管网和污水处理厂员工进行技能培训和考核是德国水、污水和废弃物处理协会(DWA)的常态化工作之一,这些培训对持续提高德国排水管网和污水处理厂的运行维护水平起到了重要作用。

尤塔·奥斯特尔曼-华恩(Ute Austermann-Haun)女士和汉内斯·费尔波(Hannes Felber)先生长期致力于对排水设施运维员工的培训,由其制作、编写的相关课程和教材广受欢迎。本书涉及法律法规、排水管网、污水处理、设施设备、运维管理、化验检测、安全防护等方面的基础知识,汇集了大约1 200个问题与解答。本书在德国已发行到第八版,是德国相关基础培训课程学习和考核的重要工具书,体现了德国对基础知识的重视。毕竟,过不了基础知识这一关,谈何创新和发展。

这本"问与答"提出的问题简单明了,抓住了相关基础知识的重点和问题的关键。每个问题有三个选项,考验学习者对基础知识的把握程度,学习者选择时需要仔细斟酌。每一章节综合起来,又有助于学习者全面掌握每一个知识板块的要点。所汇集的大约1 200个问题与解答甚至可以作为排水管网和污水处理设施运行、维护及管理的"手册",可以让人方便地解决实践中遇到的一些基本问题。

本书内容全面,读者不但可以学习并掌握管网与污水处理的相关知识要点,了解和熟悉德国在排水与污水处理这一专业领域的法律、法规要求,还可以借鉴和学习各种设施设备的管理要求和具体做法,对夯实排水和污水处理技术的知识基础、提高运行维护管理水平具有非常有益的启示和帮助。译者还根据德国工业标准DIN 4045等对一些术语做了解释和说明,以方便读者理解。

这本“习题集”式的参考书,可以作为我国专业教学,以及城镇排水管网和污水处理厂运维人员培训的重要参考资料。鉴于我国的法律法规要求和相关行业管理技术标准与德国存在差异,本书内容与我国实际情况一定存在不一致的地方,请读者在使用时加以注意。

本书的编译出版得到了德国水、污水和废弃物处理协会(DWA)的授权许可,上海市城市建设设计研究总院(集团)有限公司、同济大学出版社等单位给予了大力支持,诸多同事和朋友也给予了文字修改方面的诸多建议,在此一并表示衷心的感谢。

唐建国

2023 年 2 月 1 日

第八版序

为污水处理技术人员编制基础培训教材是德国水、污水和废弃物处理协会(DWA,以下简称德国水协)50 年来持之以恒的工作,始于巴登符腾堡州的污水处理厂基础课程,并成为全州污水处理设施厂站负责人和运维技术班组人员职业培训第一阶段的培训内容。后来,基础课程中又不断增加了管网运行基础知识、自然型污水处理设施与小型污水处理设施运维等内容。

基础课程除了作为排水管网和污水处理厂专业人员职业技术培训的重要内容外,对非技术人员的启蒙教育及业内新人的深造均有重要意义,所以德国水协将此基础课程培训在全国进行了推广。

自 1987 年开始,污水处理厂基础知识考试在联邦各州的水协会作为统一标准被逐步推行开来。在此期间,德国水协专家委员会也统一编写了考试规程,以确保学员此基础课程的结业。对课程参与者来说,此类基础知识问答辅导材料也可作为预习与备考的重要框架。

这本教材包括了大约 1 200 个问题及相应解答,以让学员更好地接受此排水基础课程。本教材包括了相关基础课程的重要内容。衷心感谢 DWA 组织多次修改,先后发行了八版。也感谢前合著作者、工程学博士海克 · 多德恩斯(Heiko Doedens)教授的长期支持。同时我们很荣幸,工程学博士尤塔 · 奥斯特尔曼-华恩(Ute Austermann-Haun)教授能够加入此版修订的作者团队。

DWA 主席约翰内斯 · 罗哈乌斯(Johannes Lohaus)

2009 年 8 月

第八版再版说明

历经5年修改、完善，这一排水技术基础知识问与答得以再版发行。修订中考虑到技术进步和法律的变化，我们对相关问题做了必要的修改和补充。在此衷心感谢前合著作者、工程学博士海克·多德恩斯(Heiko Doedens)教授退休期间的辛勤工作。

德国水协(DWA)的污水基础培训课程包括污水处理厂运行基础知识、排水管网运行基础知识、自然污水处理设施和小型污水处理设施四类基础培训课程的考试规程。本书在每个问题的左侧相应地做了以下四种符号标识，对应上述四类课程：

▲ 污水处理厂运行基础知识

○ 排水管网运行基础知识

♣ 自然污水处理设施

❈ 小型污水处理设施

若无符号，则此问题对于所有课程通用。每一个问题，均给出了答案，在正确答案右侧标有√符号。

数十年的使用证明，本书对于各位专业工作者来说是一本非常有价值的参考书。

当然，有些问题和回答结合了某些地区的情况，可能与实际情况有偏差，所以在课前准备和课堂讨论中要加以注意。

在本书的修改过程中，我们也得到了多位培训课程老师的帮助，在此表示衷心感谢。期盼读者能在使用本书的过程中继续给我们提出宝贵意见，让本书更有实用性。

尤塔·奥斯特尔曼-华恩　汉内斯·费尔伯

2009年8月

目　录

1 基础知识

1.1 水管理

标识	问题	选项	答案
1	如何正确理解自然水循环?	A 借助曝气旋转的水力循环流	
		B 水以不同物态流经自然界不同地段的过程	√
		C 净化后污水(Abwasser)[①]为了作为饮用水再利用的调配过程	
2	自然水循环中地表水是通过什么形成云的?	A 泵	
		B 船舶升降	
		C 蒸发	√

---

① 根据德国工业标准 DIN 4045 定义以下内容。
Abwasser 污水:使用后排放并将其收集到排水管道中的水,包括废水、降水的径流水、外来水等。
Schmutzwasser 废水:经使用后,未净化的水。
Niederschlagswasser 降水:因云的凝结作用产生(雨、雪、冰雹)。
Fremdwasser 外来水:经不密封处进入管道中的地下水、因错误连接而进入管道的非允许接入的水(如雨水)和进入污水管道的地表水等。

标识	问题	选项	答案
3	什么是水的排放?	A 涨潮前的一种状态	
		B 一种高强度的洪水	
		C 水或污水借助自然坡降排水,或经人工提升排水	√
4	如何理解水体?	A 仅为河流和湖泊	
		B 地表水和地下水	√
		C 海洋、湖泊和较大的河流	
5	最好的水体质量等级是:	A 一类	√
		B 二类	
		C 四类	
6	水体保护的目标是什么?	A 保护河岸,免受洪水的损坏	
		B 保护水体,免受摩托艇航行带来的污染	
		C 保护水体,免受污染	√
7	水体保护还有哪些任务?	A 水体堤岸的加固维修	
		B 河道整治,确保水体快速排放	
		C 避免污染物质排入水体产生有害影响	√
8	水体保护特别重要,因为:	A 是环境保护的主要工作之一	√
		B 航运愈来愈发达	
		C 必须防范洪水的危害	

标识	问题	选项	答案
9	排水管道[1]设施在德国大约是从哪一年开始的?	A 1750年	
		B 1850年	√
		C 1950年	
10	污水处理技术作为城市水资源管理任务范围的一部分,其:	A 在早期的居住区便已作为重要技术设施引入	√
		B 在工业时代首先出现	
		C 重要性首先在20世纪被发现	
11	水法要求避免水体遭受有害物质的污染,是因为:	A 保护渔业	
		B 水是最重要的生命物质	√
		C 按照世界通用环境保护的要求	
12	流动水体获得必要的氧气主要是通过:	A 大气	√
		B 污水输送	
		C 水中生活的动物	
13	什么是耗氧量?	A 给高敏感微生物补充气态养分	
		B 水中氧的消耗	√
		C 运动员在新鲜空气中体重的下降	
14	哪些因素会导致水体中溶解氧含量减少?	A 强光照射	
		B 排入污水	√
		C 强风	

① 我国排水管道始建于1891年,上海武昌路。

标识	问题	选项	答案
15	哪些因素会导致水体中溶解氧含量增加?	A 投加生物洗涤剂 B 排入污水 C 在较小的水深时,有较高的流速	 √
16	水体自净能力首先取决于:	A 物理过程 B 微生物的好氧新陈代谢过程 C 没有生物参与的化学反应	 √
17	水体中的溶解氧对于自净过程是非常重要的,因为,那些分解有机污染物的微生物:	A 需要自由释放氧气 B 需要消耗氧气 C 仅能够在通过氧气轻微酸化的水中生存	 √
18	在水体环境中,自净意味着:	A 在一座自动控制的现代化污水处理厂中,完全依靠活性污泥工艺的净化过程 B 操作人员在结束工作后的身体淋浴清洁 C 水体中的有机污染物能够通过微生物和植物进行分解	 √
19	污水排入水体产生的污染尤其体现在:	A 雷雨时期 B 雪融化时期 C 夏季水量补充较少的时期	 √

标识		问题	选项	答案
▲♣	20	在一个水生植物生长的水体内，溶解氧含量最大的时段是：	A 夜间 B 白天 C 总是相同	 √
▲♣	21	哪些生物可以为水体提供溶解氧？	A 鱼类 B 蠕虫 C 水生植物	 √
▲♣	22	在20 ℃时，水体的饱和溶解氧含量是：	A 1～2 mg/L B 8～9 mg/L C 19～20 mg/L	 √
▲♣	23	水体的饱和溶解氧含量与什么因素有关？	A 水量 B 温度 C 水体质量等级	 √

1.2 水法

标识	问题	选项	答案
1	在什么法律中对污水允许排入水体的要求做出了规定?	A 在各州的水法中	
		B 在联邦水环境法中	√
		C 在各个水联合体[①]规程中	
2	在什么法律中规定了政府机关可以出具排水许可?	A 在各州的水法中	√
		B 在联邦水环境法中	
		C 在水联合体规程中	
3	在哪些计划中规定了水资源管理的利益?	A 水资源管理发展计划	
		B 水资源管理框架计划	√
		C 预算方案	
4	哪些政府机关在大多数情况下可以签署排水许可?	A 技术管理机关	
		B 在有关联邦部门许可下,由乡镇部门签署	
		C 地方水务管理机关,或者州水务管理机关	√
5	在什么文件中规定了排水许可的内容和条件?	A 许可证	√
		B 操作说明	
		C 排放法规	

① 1937年9月3日,德国将承担水务和土地管理的法人单位合并成立了水联合体,处理水务事务。

标识	问题	选项	答案
6	污水处理厂出水水质愈加严格的要求体现在：	A 对出水 BOD_5 值要求愈加严格	
		B 出水水质应满足受纳水体的污染负荷低于污水管理法规允许值的要求	√
		C 不断提高净化效率	
7	污水处理厂对运维方案负责的责任人是？	A 水体保护的运维方	
		B 市长	
		C 处理厂负责人	√
8	排水监管技术主管部门是：	A 水救援组织(隶属红十字会)	
		B 州建设主管部门	
		C 州技术专业部门	√
9	什么法律规定了管网的接纳条件？	A 排水法规	√
		B 水资源管理法	
		C 各州的水法	
10	排水法由谁发布？	A 劳动监察局	
		B 地区或者市议会	√
		C 水务管理部门	
11	在排水法中对哪些关键点作了特殊的规定？	A 处理厂出水水质标准	
		B 接管及使用限制	√
		C 处理厂运行规定	
12	不遵守水法规定的，应该予以什么处罚？	A 行政违法行为的罚款	√
		B 吊销执业许可证	
		C 判处 3 年以下有期徒刑	

标识		问题	选项	答案
▲○♣	13	各市镇可以将建设和管理污水处理设施的工作委托给谁?	A 自然人 B 德国水协(DWA) C 相应的专业联合体[①]	C √
▲♣	14	污水排放征税条例规定了:	A 允许向水体排放的污水量 B 向排水管道排放的污水水量 C 通过污水排放需要缴纳的水资源费	C √
▲♣	15	污水出水排放费由谁支付?	A 由市政府支付给市民 B 由州政府向污水处理厂运行者作为财政补助支付 C 由污水处理厂运行者向州政府支付	C √
▲♣	16	污水排放费是由什么法律规定的?	A 联邦和州的法律 B 城镇排污费管理规定 C 排水法	A √
▲♣	17	污水排放费计算单位是?	A 旱季排水量 B 服务区域参考值 C 污染物质数量	C √
▲♣	18	当处理厂超负荷溢流,导致鱼类死亡时,谁承担责任?	A 处理厂的负责人 B 排水管网管理的法人代表 C 纳管居民	B √

① 为执行某种共同任务而成立,由多个法人单位组成的法定协会。

标识		问题	选项	答案
▲♣	19	如果处理厂运行不当,导致鱼类死亡,在不考虑过失分配情况时,谁承担首要责任?	A 处理厂的负责人 B 排水管网管理的法人代表 C 纳管居民	√
▲❋♣	20	污水经净化后,向水体排放,需要取得:	A 市长同意 B 建设监督机构同意 C 排放许可	√
▲❋♣	21	向管网排放的水体的 pH 界限值是?	A 4~6 B 6~9 C 8~11	√
▲❋♣	22	污水处理厂出水 BOD_5 不得超过:	A 10 mg/L B 污水条例或出水排放许可中的规定值 C 80 mg/L	√
▲❋♣	23	污水处理厂出水 BOD_5 值要低于:	A 5 mg/L B 污水条例规定值 C 排水法规定值	√
▲❋♣	24	污水处理厂出水排入水域的要求是由什么法律法规规定的?	A 污泥条例 B 间接排放条例 C 污水条例	√
❋	25	哪种污水允许排入小型污水处理厂?	A 商业污水 B 合流污水 C 生活污水	√

标识		问题	选项	答案
❋	26	小型污水处理厂的最大进水量是多少?	A $6\ m^3/d$	
			B $8\ m^3/d$	√
			C $12\ m^3/d$	
❋	27	小型污水处理厂污染物降解主要针对的是什么?	A 化学需氧量和氮	
			B 生化需氧量和磷	
			C 生化需氧量和化学需氧量	√

1.3 基础和专业计算

标识	问题	选项	答案
	1 2.5 g为多少mg?	A 2 500 mg	√
		B 25 000 mg	
		C 2500 000 mg	
	2 1 kg为多少mg?	A 1 000 mg	
		B 10 000 mg	
		C 1 000 000 mg	√
	3 0.5 L为多少mL?	A 500 mL	√
		B 50 000 mL	
		C 500 000 mL	
	4 10 g/m^3 为多少mg/L?	A 10 mg/L	√
		B 100 mg/L	
		C 1 000 mg/L	
	5 20 L/s为多少 m^3/h?	A 7.2 m^3/h	
		B 72 m^3/h	√
		C 120 m^3/h	
	6 连续5 d室外温度为:16,11,8,0,−5 ℃,则平均温度为:	A 8 ℃	
		B 6 ℃	√
		C 10 ℃	

标识	问题	选项	答案
7	10 m水柱高度相当于多少压力?	A 10 bar B 1 bar C 0.1 bar	 √
8	10 m水柱高度相当于多少压强?	A 1 000 kPa B 100 kPa C 10 kPa	 √
9	一个60 W的电灯泡消耗了2.4 kWh的电,请问,电灯泡使用了多长时间?	A 40 h B 20 h C 4 h	√
10	曝气池活性污泥在标准量筒中沉淀30 min后,体积数值是2(稀释倍数)× 155 mL,干物质含量为3.4 g/L,请问污泥指数为多少?	A 88 mL/g[①] B 91 mL/g C 98 mL/g	√
11	一个直径为10 m的生物滤池,进水量为75 m^3/h,请问其表面负荷为多少?	A 0.75 m/h B 1.0 m/h C 3.7 m/h	 √
12	一个直径为12.4 m的二沉池,进水量约为20 L/s,请问其表面负荷约为多少?	A 1.0 m/h B 0.8 m/h C 0.6 m/h	 √

① 经咨询德国方面,在计算时,采用了向下取整,采用小于原数值的整数。故155取计算数值为150 mL,答案为88 mL/g。

标识		问题	选项	答案
▲○	13	哪种压力单位用于表示鼓风机压力？	A m^3 B kg/m^3 C kPa	 √
▲○	14	一条长为 48 m 的排水渠，其起端高程为+417.60 mNN，末端高程为+417.12 mNN，请问该排水渠的坡度为多少？	A 15‰ B 1.5‰ C 1%	 √
▲○♣	15	一排水渠坡度为 1∶200，请问如何表述其高差？	A 200 m 长排水渠最高点与最低点的差值 B 100 m 长排水渠落差 0.5 m C 100 m 长排水渠落差 1 cm	 √
▲♣	16	一座有效容积为 720 m^3 的沉淀池，其处理水量为 200 L/s，请问停留时间为多少？	A 1.0 h B 2.0 h C 2.5 h	√
▲♣	17	一座进水 BOD_5 为 200 mg/L、出水为 15 mg/L 的污水处理厂，请问其处理效率为多少？	A 85% B 90.0% C 92.5%	 √

标识		问题	选项	答案
▲♣	18	若进水量为 1 h 360 m^3，则平均为：	A 100 L/s B 120 L/s C 60 L/s	√
▲♣	19	一座 10 m 长的沉砂池，如果一个软木塞从进水端至出水端用时为 20 s，请问流速约为多少？	A 20 cm/s B 0.3 m/s C 0.5 m/s	 √
▲♣❊	20	BOD_5 测定值分别为：27，31，19，24，25 mg/L，请问其平均值为多少？	A 24.1 mg/L B 25.2 mg/L C 26.3 mg/L	 √

污水处理专业人员第三年的职业培训，

是为自己的职业生涯做充分准备。

1.4 物理、生物、化学基础和专业知识

标识	问题	选项	答案
1	流量公式正确的表达形式是:	A $Q=v\cdot A$	√
		B $Q=A:v$	
		C $Q=v:A$	
2	在何种物态下,水有最大密度?	A 固态,冰	
		B 液态,在 4 ℃时	√
		C 气态,蒸汽	
3	密度大于 1 000 kg/m^3 的物体在水中会如何运动?	A 向上悬浮	
		B 漂浮水中	
		C 向下沉淀	√
4	密度小于 1 000 kg/m^3 的物体在水中会如何运动?	A 向上悬浮	√
		B 漂浮水中	
		C 向下沉淀	
5	电功率的单位是什么?	A 安培	
		B kW	√
		C kWh	
6	耗电量的单位是什么?	A PS	
		B kW	
		C kWh	√

标识	问题	选项	答案
7	哪个是化学元素？	A 水	
		B 氧	√
		C 火	
8	哪个是化合物？	A 水	√
		B 铁	
		C 氧	
9	哪个是水的分子式？	A H_2O	√
		B H_2O_2	
		C 2OH	
10	哪个是甲烷的分子式？	A CH_4	√
		B CH_3	
		C NH_4	
11	哪个 pH 值是弱酸性的？	A 2	
		B 6	√
		C 8	
12	哪种条件下，pH 值超过 13？	A 强碱	√
		B 弱碱	
		C 弱酸	
13	哪种情况下，饮用水中会有大肠菌群？	A 使用过的饮用水	
		B 未有效处理的污水	
		C 有粪便污染	√

标识		问题	选项	答案
▲	14	在什么水质条件下，可以轻松游泳？	A 在含有较高盐分的海水中	√
			B 在河水中	
			C 在曝气池的曝气水中	
▲	15	什么盐在水中难以溶解？	A 三价磷酸铁	√
			B 氯化钙	
			C 氯化钠	
▲♣	16	沉淀池中污水的密度流干扰是因什么形成的？	A 强风	
			B 在温度不变的情况下，进水量有较大变化	
			C 融雪水进入	√
▲♣	17	污水处理厂出水中的磷酸盐，在哪种条件下，对水体的损害特别大？	A 排到流动条件好的溪流中	
			B 排到封闭水体中	√
			C 在二沉池出水渠中	
▲♣※	18	哪个 pH 值在厌氧消化后的污泥中是常见的？	A 7.1	√
			B 8.9	
			C 6.2	
▲♣※	19	温度缓慢由 10 ℃升高到 20 ℃，对生物过程的影响是？	A 缓慢的	
			B 快速的	√
			C 没有影响	

标识		问题	选项	答案
▲♣❋	20	所有有机化合物的基本元素是?	A 氮 B 氧 C 碳	 √
▲♣❋	21	有机物经过好氧处理,会转化为什么?	A 硫化氢、甲烷和二氧化碳 B 硝酸盐氮和磷酸盐 C 二氧化碳、水和生物质	 √
▲♣❋	22	哪些过程是污水生物净化的基础过程?	A 污水中的有机物被微生物吸收,并被转化为细胞物质 B 污水中的无机物质被微生物絮体包裹,从而沉淀 C 污水中的溶解性物质通过供氧被气化逸出	√
▲♣❋	23	有机物在厌氧净化处理中会转化成什么?	A 硫化氢、甲烷和二氧化碳 B 硝酸盐和磷酸盐 C 二氧化碳、水和生物质	√
▲♣❋	24	有机物在好氧净化中会转化成什么?	A 二氧化碳、水和生物质 B 亚硝酸盐 C 硝酸盐	√

标识		问题	选项	答案
▲♣❋	25	哪种生物体在污水生物净化中起主要作用？	A 原生动物	
			B 细菌	√
			C 后生动物	
▲♣❋	26	在生物净化中哪种微生物会降解有机污染物？	A 水藻	
			B 线虫	
			C 细菌	√
▲♣❋	27	哪种生物体在污水活性污泥法生物净化中起主要作用？	A 细菌	√
			B 真菌	
			C 蠕虫	
▲♣❋	28	当分解有机物的好氧菌转化时，主要产物是什么？	A 生物体残留物	√
			B 氧	
			C 甲烷	
▲♣❋	29	生物过程在夏季高温下，与冬季低温时相比有什么不同？	A 反应更快	√
			B 反应更慢	
			C 没有变化	
▲♣❋	30	经过厌氧过程，在净化后的污水中会产生什么？	A 较多的污泥	
			B 有机酸、二氧化碳、甲烷	√
			C 氮元素	
▲♣❋	31	污水生物净化的目的是什么？	A 提高污水中的氧含量	
			B 去除溶解性和胶体有机污染物	√
			C 减少水体中的盐负荷	

标识		问题	选项	答案
▲♣❋	32	化学过程和生化过程有什么区别?	A 化学过程没有微生物参与 B 二者没有区别 C 生物化学过程中必须放弃人工施肥	√
▲♣❋	33	下列哪个术语体现了化学特征?	A 密度 B 可氧化性 C 可沉淀性	√

1.5 材料和材料加工处理

标识	问题	选项	答案
1	对有腐蚀性的污水，哪种材料尤其具有稳定性？	A 陶瓷材料	√
		B 含有水泥的材料	
		C 含钢材料	
2	对含有硫化物的污水，哪种管材尤其具有稳定性？	A 混凝土管	
		B 纤维水泥管	
		C 陶土管	√
3	可以通过什么措施减轻对铁制零件的腐蚀影响？	A 涂刷油脂	
		B 保护涂层	√
		C 除锈	
4	什么措施可以持久防止木材腐烂？	A 经常浸泡在海水中	
		B 防水处理	√
		C 刨削和抛光	
5	哪种材料可以钎焊？	A 铜	√
		B 铸铁	
		C 热塑性人工材料	
6	什么材料最容易被锯断？	A 不锈钢	
		B 红铁木	√
		C 可锻铸铁	

标识	问题	选项	答案
7	对应“油的黏性”含义的说法是?	A 表示温度	
		B 表征流动性、黏滞度	√
		C 表示数量和温度之间的线性关系	
8	在什么季节,对快速运转的电机推荐使用黏稠的润滑油?	A 冬季	
		B 夏季	√
		C 两个季节之间	
9	如何正确理解油脂乳化?	A 吸收少量水分的油脂	√
		B 具有轻微黏性的油脂	
		C 高温油脂	
10	有良好导电性的材料是:	A 陶瓷链	
		B 浇筑树脂	
		C 金属	√
11	电焊时,应在设备上设置什么参数?	A 电压强度	
		B 电流强度	√
		C 电阻	
12	在管道安装中所称的“流动规则”是什么意思?	A 较贵金属必须沿水流方向,在非较贵金属前方安装	
		B 较贵金属必须沿水流方向,在非较贵金属后方安装	√
		C 同一根管道的水流方向不允许变化	

标识	问题	选项	答案
13	使用两种不同金属进行阴极防腐保护时，牺牲阳极是：	A 低电位非贵金属	√
		B 经常被水浸润的金属	
		C 总是比较便宜的金属	

2 污水类型、产量和性质

2.1 污水类型

标识	问题	选项	答案
	1 废水[①]的含义是什么?	A 使用后未净化的水	√
		B 特别浑浊的污水	
		C 干涸的河流支流	
	2 降水的意思是什么?	A 寒冷晚上的露水	
		B 在排水管道流动的雨水	√
		C 在雨水溢流口流入水体的低浓度污水	
	3 生活废水的意思是什么?	A 居住区产生的污水和降水	
		B 居住区产生的污水,不含降水	√
		C 粪便水	

① 见第1页页下注①。

标识		问题	选项	答案
	4	旱天流量是指什么？	A 非降雨期间产生的污水量	√
			B 在长时间非降雨期间，通过管道不严密处渗入地下的水量	
			C 逐渐减弱的旱天周期	
	5	旱天时污水处理厂的进水中可能包括什么？	A 生活污水、工业污水、雨水	
			B 城镇污水、外来水、雨水	
			C 污水和外来水	√
	6	什么是原污水？	A 各种企业污水的混合水	
			B 未处理的污水	√
			C 来自粪便运输车辆的污水	
▲	7	奶制品废水与生活废水比较，BOD_5浓度：	A 高	√
			B 低	
			C 相同	
▲○♣	8	“城镇废水”主要来自：	A 公共建筑	
			B 生活区和工业区	√
			C 城镇企业	
▲○♣	9	由管道不严密处渗入管道的外来水与正常污水相比：	A 污染程度较小	√
			B 污染程度相当	
			C 污染程度较大	
▲○♣	10	在旅游区每天产生的废水量最大发生在？	A 旅游旺季的周末	√
			B 闰年	
			C 旅游旺季之外	

标识		问题	选项	答案
▲○♣	11	进入排水管道的"外来水"是什么?	A 粪便运输车辆排放水	
			B 有害的商业污水	
			C 由管道不严密处渗入的地下水	√
▲○♣	12	合流污水的意思是什么?	A 生活污水和工业污水	
			B 工业污水和地下水	
			C 污水和降水	√
▲♣	13	经过活性污泥法或生物滤池处理后,出水 BOD_5 小于 25 mg/L 的污水被视为:	A 卫生化过的污水	
			B 均匀化过的污水	
			C 生物处理过的污水	√

2.2 污水产量

标识	问题	选项	答案
	1 每天每个居民产生废水量的单位是：	A L/(人·d)	√
		B kg/(人·d)	
		C cm/(人·d)	
	2 废水产生量取决于：	A 生活用品的消耗量	
		B 水的消耗量	√
		C 供水管的漏损量	
	3 每日废水量的平均值是按照什么时间命名的?	A 14 h平均	
		B 24 h平均	√
		C 18 h平均	
▲♣	4 废水进水什么类型的波动变化,会对污水处理厂有影响?	A 年际变化	
		B 周际变化	
		C 日变化	√
▲♣	5 1 000人口当量的旱天水量,一般按哪个值计算?	A 0.3～0.4 L/s	
		B 1～2 L/s	
		C 3～5 L/s	√
▲♣	6 一个2 000人口当量规模的污水处理厂,其废水进水量峰值发生在什么时间?	A 6:00～8:00	
		B 12:00～16:00	√
		C 18:00～20:00	

标识		问题	选项	答案
▲○♣	7	污水处理厂工作日的废水进水量较周末一般：	A 更大	√
			B 相同	
			C 更小	
▲○♣	8	服务范围小的地区，废水量小时变化与服务范围大的地区相比：	A 更大	√
			B 相同	
			C 更小	
▲○♣	9	什么类型的污水中含有雨水？	A 废水	
			B 外来水	
			C 合流污水	√
▲○♣	10	外来水中渗入排水管道的地下水，在小范围内容易被发现的时间是：	A 雷阵雨时	
			B 长时间不下雨后	
			C 在后半夜	√
○	11	在德国计算排水管道流量时，设计降雨量一般按照多少降雨强度计算？	A 10 L/(s·hm^2)	
			B 100 L/(s·hm^2)①	√
			C 1 000 L/(s·hm^2)	
○	12	在计算排水管道时，是按照历史最大降雨量计算的吗？	A 是，但是不超过	
			B 不是，但是按照 100 年一遇标准计算	
			C 不是，按照 1～3 年较大的降雨量计算	√

① 与我国 36 mm 计算降雨量相同。

标识		问题	选项	答案
○	13	设计降雨强度对应的时长通常是多少？	A 5 min	
			B 15 min	√
			C 60 min	

2.3 污水性质

标识	问题	选项	答案
1	生活污水的温度范围是：	A 6～10 ℃ B 10～20 ℃ C 20～45 ℃	 √
2	地下水的温度范围是：	A 6～12 ℃ B 10～20 ℃ C 5～25 ℃	√
3	在污水中闻到腐败鸡蛋味道是什么原因？	A 因含有硫化氢 B 排水管道坡度局部太大 C 是新产生污水的缘故	√
4	污泥经酸性发酵后，会产生令人作呕的气味，其原因是什么？	A 产生了二氧化碳 B 产生了硫化氢和脂肪酸 C 产生了硫化亚铁	 √
5	新产生的生活污水的气味一般是：	A 刺鼻的尿味 B 霉臭味 C 粪肥味	 √
6	有机物大多是：	A 不可焚烧掉的 B 可焚烧掉的 C 不可发酵的	 √
7	无机物大部分是：	A 可发酵的 B 可焚烧掉的 C 不可焚烧掉的	 √

标识		问题	选项	答案
	8	原污水中的哪种无机物可以用肉眼辨识？	A 溶解性的无机物质	
			B 非溶解性的有机物	
			C 砂子	√
	9	原污水中的哪种无机物不能用肉眼辨识？	A 盐	√
			B 非溶解性的无机物	
			C 非溶解性的有机物	
	10	污水中的有机物主要来自：	A 居住区	√
			B 金属加工企业	
			C 地面道路	
	11	雨水流经屋顶、庭院、道路后，主要含有什么？	A 小的污染物	
			B 有机污染物	
			C 无机污染物	√
▲	12	污水中经常存在的有毒物质来自哪里？	A 乳制品厂	
			B 电镀厂	√
			C 啤酒厂	
▲	13	污水处理厂出水中的悬浮物质可以通过什么措施减少？	A 减少供氧量	
			B 扩大二沉池表面积	
			C 砂滤池	√
▲	14	污水中悬浮物质①可以通过什么措施去除？	A 生物净化	√
			B 沉淀	
			C 特别的细格栅	

① 根据德国工业标准 DIN 4045 的定义，悬浮物质是非溶解性的物质，其密度与水接近，在水的旋流作用下处于悬浮状态。

标识		问题	选项	答案
▲	15	原污水中 BOD_5 ∶N 应大于 4∶1，若低于此比值，净化时会发生什么？	A 细菌形成过程中会缺少氮	
			B 氮不会被充分反硝化	√
			C BOD_5 可以被充分降解	
▲	16	哪些氮组分是水法总氮 N_g 限值中包括的？	A 硝酸盐氮、亚硝酸盐氮	
			B 有机氮和铵氮	
			C 硝酸盐氮、亚硝酸盐氮、铵氮	√
▲	17	12 000 人口规模的污水处理厂出水总氮 N_g 不得超过多少？	A 5 mg/L	
			B 18 mg/L	√
			C 30 mg/L	
▲	18	什么物质对鱼类是有毒的？	A 粪肥	√
			B 过高的溶解氧	
			C 硝酸盐氮	
▲○♣	19	工厂企业的污水纳管温度不得超过多少？	A 30 ℃	
			B 35 ℃	√
			C 40 ℃	
▲○♣	20	排水条例确定污水纳管温度限值是因为：	A 污水处理厂的生物降解过程会太快	
			B 管道中的污水会因发酵而腐蚀管道材料	√
			C 检查井壁会因逸出的蒸汽而变得不美观	

标识		问题	选项	答案
▲♣	21	何种工业企业会产生主要含有机物的污水？	A 机械加工 B 乳制品厂 C 轧钢厂	 √
▲♣	22	当量人口 EWG 是什么含义？	A 单位人口生化需氧量 B 商业废水可生化降解物质与生活废水可生化降解物质的比值 C 污水中的无机物含量	 √
▲♣	23	粪肥污水的 BOD_5 浓度一般为多少？	A 1 000 mg/L B 10 000 mg/L C 500 000 mg/L	 √
▲♣	24	如果污水中的 BOD_5 浓度超过 1 000 mg/L，意味着该污水是：	A 高浓度污水 B 几乎没有污染的水 C 正常污水	√
▲♣	25	正常的生活污水 BOD_5 中悬浮性和溶解性物质与可沉淀物质的比值是多少？	A 2/3∶1/3 B 1/3∶2/3 C 1∶1	√
▲♣	26	在污水处理厂什么部位，污水的浊度是非常重要的指标？	A 初沉池进水 B 曝气池出水 C 二沉池出水	 √
▲♣	27	大多数情况下，污水处理厂进水发黑意味着什么？	A 没有意义 B 雨水含量过低 C 污水发生腐化	 √

标识		问题	选项	答案
▲♣	28	污水处理厂进水浊度升高的主要原因是：	A 长时间未降雨 B 大暴雨 C 过多的雨水溢流	 √
▲♣	29	生活污水生物可降解性如何？	A 没有 B 难 C 易降解	 √
▲♣	30	城镇原污水化学需氧量 COD① 与生化需氧量 BOD_5 的比值应当如何？	A 较大 B 1∶1 C 较小	√
▲♣	31	城镇污水处理厂出水 COD 要求不得超过：	A 10～20 mg/L B 20～40 mg/L C 75～150 mg/L	 √
▲♣	32	为什么要求污水中的氮在污水处理厂中要尽可能被去除掉？	A 否则污水会发臭 B 否则厌氧消化池不能够正常运行 C 否则水体会发生富营养化	 √
▲※♣	33	通过什么样的工艺，污水中的溶解性有机物会被去除？	A 通过微孔筛 B 通过生物降解 C 通过中和反应	 √

① 本书 COD 均指 COD_{cr}。

标识		问题	选项	答案
▲※♣	34	二沉池的可视深度较大意味着什么？	A 有很多可沉淀物质	
			B 仅有很少的悬浮物	√
			C 与无机物相比，主要存在的是有机物	
▲※♣	35	运行良好的二沉池，其可视深度是多少？	A 10～20 cm	
			B 50～70 cm	√
			C 200～250 cm	
▲※♣	36	污水中哪些物质会在英霍夫（Imhoff）沉淀池中沉淀？	A 密度小于 1.0 g/cm^3 的物质	
			B 有机胶体物质	
			C 密度大于 1.0 g/cm^3 的物质	√
▲※♣	37	比水轻的物质在英霍夫（Imhoff）沉淀池中会发生什么变化？（注：见第 37 页图 1）	A 悬浮于水面	√
			B 保持悬浮状态	
			C 沉淀下去	
▲※♣	38	什么是悬浮物质？	A 通过空气进入污水的污染物	
			B 细小的、非溶解性的物质	√
			C 在污水净化中逃逸的气体	

标识		问题	选项	答案
▲❋♣	39	有机干物质[①]的含义是什么?	A 灼烧减量物质[②] B 灼烧残留物质[③] C 过滤截留物质[④]	√
▲❋♣	40	哪个是衡量原污水有机物含量的重要参数?	A 生化需氧量 B 可沉淀物质 C 毒性	√
▲❋♣	41	衡量污水有机物污染程度的重要参数是哪一项?	A 生化需氧量 B 可沉淀物质 C 溶解氧含量	√
▲❋♣	42	哪个数值是生活污水 BOD_5 在旱季的正常浓度?	A 600～1 000 mg/L B 200～400 mg/L C 80～100 mg/L	 √
▲❋♣	43	单位人口每天的 BOD_5 负荷值(当量值)是多少?	A 25 g/(人·d) B 100 g/(人·d) C 60 g/(人·d)	 √

① 根据德国工业标准 DIN 4045 的定义，干物质指采用规定的干化工艺分析检测出的物质。

② 根据德国工业标准 DIN 4045 的定义，污泥样品先经 105 ℃干燥后，再灼烧后损失的物质重量。

③ 根据德国工业标准 DIN 4045 的定义，污泥样品先经 105 ℃干燥后，再灼烧后剩余的无机物质。

④ 污泥样品经滤纸过滤后，滤纸上所截留的物质。

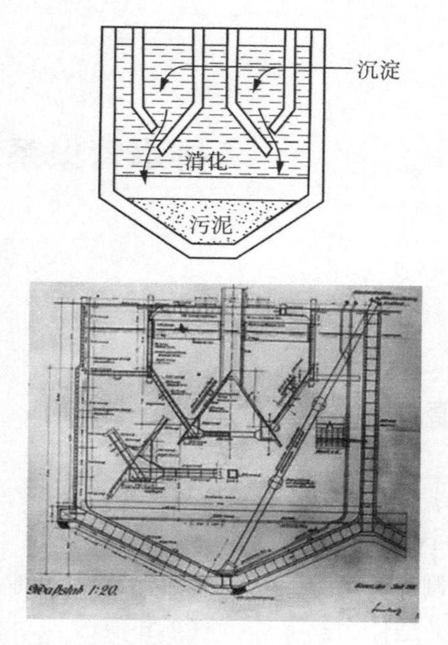

1905 年德国英霍夫(Imhoff)教授发明了双层沉淀池,其特点是:上部是沉淀池,下部是消化池,在处理污水时,也在处理沉淀污泥。英霍夫沉淀池在德国等欧洲国家得到广泛应用,我国也曾有应用。

图 1 英霍夫沉淀池

3 排水管渠系统

3.1 排水管渠与设施

标识	问题	选项	答案
	1 分流制排水系统的含义是什么?	A 生活污水和工业污水分别收集和输送	
		B 污水和雨水分别在 2 个以上排水管渠系统中收集和输送	√
		C 由于排水分区的地形,采用多个排水管渠系统	
	2 “错误连接”在排水技术中的含义是什么?	A 在建造过程中,管道连接有缺陷	
		B 出户管与道路管道逆坡连接	
		C 污水管道接入雨水管道中	√
	3 一个排水管段是指什么?	A 排水管道的倒虹管	
		B 就排水管道维护者而言的某种典型管段	
		C 检查井至检查井间的排水管道剖面	√

标识	问题	选项	答案
	4 什么是排水管渠现有图纸？	A 土地登记管理部门的文件	
		B 关于现有排水管渠信息的所有重要的文件	√
		C 建设工地的图纸	
	5 排水管渠连接最重要的要求是什么？	A 可变动性	
		B 可借转角度	
		C 严密性	√
▲○	6 建筑排水设备中的防止回流壅水自动闸门[①]的作用是什么？	A 用于地下空间防止暴雨期间（来自排水管网）的回流	√
		B 用于防止排水管道气味向室内传播	
		C 用于避免存水弯管中无水	
▲○	7 建筑排水的防止回流壅水高度[②]的意义是什么？	A 只对污水管道有意义	
		B 至少是入户管道连接所在的街道面高度	√
		C 意味着，在此高度下，不允许有支管存在	
▲○	8 在建筑排水范围内，防止回流壅水高度是什么？	A 在此高度以上，不允许污水排放点存在	

① 根据德国工业标准 DIN 1986 的定义，安装在建筑排水回流高度以下、可防止回流壅水的装置，用于防止地下空间因街道排水管道回流倒灌而被淹没。

② 根据德国工业标准 DIN 4045 的定义，在建筑排水范围内，为了防止回流发生而采取措施的高度。

标识		问题	选项	答案
			B 在此高度以下，现有排水点防止来自公共排水管道的回流	√
			C 至这个高度的房屋不用考虑被淹没	
▲○♣	9	合流制排水的含义是什么？	A 压力流和真空流互相转化运行	
			B 污水和降水（径流）在同一个排水管道收集和输送	√
			C 不同性质的污水在进入污水处理厂前，在反应池中混合	
▲○♣	10	油脂分离器一般设置在：	A 肉类加工企业	√
			B 与矿物油加工制造相关的企业	
			C 小型污水处理厂	
▲○♣	11	汽油和油类的分离装置一般安装在：	A 肉类加工企业	
			B 与矿物油加工制造相关的企业	√
			C 下游污水处理厂	
▲○♣	12	道路排水设施是什么？	A 沿道路坡降方向至下一个水收集点	
			B 在一定道路断面内，流动水的总量	
			C 收集和输送雨水的设施	√

标识		问题	选项	答案
▲○♣	13	什么是倒虹管？	A 排水管渠中的一种特殊构筑物，水流通过其在河道等下方流动	√
			B 某个在弯折管段工作的管道工人	
			C 检查井至检查井之间的排水管道	
▲○♣	14	什么是雨水溢流口[①]？	A 雨水截流池的出水口	
			B 合流制排水系统的泄流设施	√
			C 雨水管道排向污水管道的出水口	
▲○♣	15	雨水泄流的目的是：	A 为了整个合流制排水系统向水体排水	
			B 减轻水体负担	
			C 为了避免排水管渠和污水处理厂超负荷	√
▲○♣	16	雨水池[②]在合流制排水系统中的作用是什么？	A 收集地块的雨水	
			B 控制排水管渠中的雨水量	
			C 减轻排水管渠和污水处理厂的水力负荷	√

① 根据德国工业标准 DIN 4045 的定义，雨水溢流口指合流制排水系统中无蓄存设施的泄流设施。

② 根据德国工业标准 DIN 4045 的定义，雨水池指用于截流、处理雨水和合流水的设施总称（如雨水沉淀池、雨水截流池、雨水溢流池等）。

标识		问题	选项	答案
▲○♣	17	雨水溢流的缺点是什么?	A 导致后续污水管道通道变小	
			B 导致雨水溢流池[①]中的臭气聚集	
			C 污染物会随溢流的合流水流入水体	√
▲○♣	18	雨水截流池[②]的功能是什么?	A 收集雨水和饮用水供应	
			B 平衡合流污水排放流量	√
			C 雨天在排水管道进口前截流和渗透	
▲○♣	19	跌水井是什么?	A 在排水管道中,用于克服较大高差的一种构筑物	√
			B 坍塌的检查井	
			C 用于积雪的投加井	
▲○♣	20	为什么道路雨水口篦子开口方向必须与道路行驶方向垂直?	A 保证能够良好地收集雨水	
			B 自行车轮子不会陷下去	√
			C 篦子提升会更加容易	
▲○♣	21	限流管段的作用是什么?	A 起减压作用	
			B 在排水管道中限制流量	√
			C 起密封作用	

① 根据德国工业标准 DIN 4045 的定义,合流制中带有贮存和(或)沉淀功能的设施,沉淀后水溢流。

② 根据德国工业标准 DIN 4045 的定义,雨水截流池是贮存合流制污水和分流制雨水的设施。

标识	问题	选项	答案
▲○♣	22 在排水管道技术中“主干管”的含义是什么？	A 捐赠收集的代表	
		B 第一类标准的水体	
		C 收集多个排水分区的排水管道	√
▲○♣	23 什么是卵形截面？	A 排水管道横截面为卵形	√
		B 排水管道曲率	
		C 卵形截面的明渠	
○	24 Begu 井盖是由什么材料制成的？	A 混凝土	
		B 铁	
		C 混凝土与铸铁	√
○	25 市政道路上的井盖上注明的等级标识是：	A Klasse D	√
		B K 20	
		C Klasse B	
○	26 建筑排水连接管是指什么？	A 排水建筑和排水管之间的连接管	
		B 排水建筑和排水管之间过渡段的配件	
		C 建筑红线与公共排水管道之间的连接管道	√
○	27 如何理解建筑排水的地下管道？	A 大多数情况下是垂直敷设的、用于排放雨水的管道	
		B 在排水点的存水弯管与立管相接的、水平敷设的各种支管	
		C 敷设在建筑地块下、用于将污水输送到连接管的管道	√

标识	问题		选项	答案
○	28	什么是建筑排水的立管?	A 在建筑物内垂直敷设、用于收集和排放污水的管道	√
			B 从水收集点到下一个建筑物水封井的管道	
			C 从私人建筑排口至市政排水管渠的管道	
○	29	什么是室内排水的臭气隔绝措施?	A 所有管道末端的封堵措施	
			B 在一般情况下,采用止回阀关闭管道(特别是在地下室出户管道)	
			C 存水弯	√

图 1　设计者

3.2 排水管渠计算基础

标识	问题	选项	答案
1	排水管道避免沉积的最小流速是多少?	A 1.5 m/s	
		B 1.0 m/s	
		C 0.6 m/s	√
2	什么是管道底坡?	A 排水管道上、下游两个点管底高程差与其间长度的比值	√
		B 检查井内的落差	
		C 降水的总称(雨水、冰雹、雪、露水、雾)	
3	1∶300 的坡度是什么含义?	A 最高点和最低点的差值是 300 mm	
		B 300 m 长度管道,落差 1.0 m	√
		C 300 m 长度管道,落差 1 cm	
4	什么是排水管道过流断面?	A 在排水管道横截面上水流所占面积	√
		B 排水管渠壁表面积	
		C 排水管道纵断面	
5	防冻深度取决于什么?	A 地下水埋深	
		B 气候条件	√
		C 土壤性质(岩石、砂)	

标识		问题	选项	答案
	6	适合于德国的防冻深度是多少？	A 40～60 cm B 80～120 cm C 150～170 cm	 √
▲○♣	7	下暴雨时，合流制排水管渠中的雨水与污水水量的比例可达多少？	A 2∶1 B 100∶1 C 5 000∶1	 √
▲○♣	8	排水管渠流量的计算单位是什么？	A L/s B L/(人·d) C m^3/d	√

3.3 排水管渠运维基础

标识	问题	选项	答案
1	哪种设备在管网检查中被使用？	A 电视摄像机	√
		B 回声探测仪	
		C 经纬仪	
2	经常性的管网检测的目的是什么？	A 发挥管道公司的能力	
		B 及早发现排水管网中的缺陷	√
		C 排水管网运行人员日常工作	
3	进入污水检查井中的工作人员必须穿戴什么装备？	A 帽子和橡胶靴	
		B 带有救护器具的安全服	√
		C 带有护颈的防护罩	
4	家庭入户管允许伸入市政管道的长度是多少？	A 5 cm	
		B 决不允许	√
		C 10 cm	
5	排水管道至少多长时间须进行一次目视检查？	A 一年一次	√
		B 四年一次	
		C 每两年一次	
6	在排水设施中怎样安装照明设备？	A 常规安装	
		B 具有防爆保护功能	√
		C 室外照明	

标识		问题	选项	答案
	7	在手持灯上的“Ex”标识是什么含义?	A 关闭 B 开启 C 防爆	 √
	8	为什么在排水管道内禁止吸烟?	A 窒息危险 B 污染空气 C 有引起爆炸的风险	 √
	9	仅哪种工具允许用于排水井盖的开启和关闭?	A 镐,或者十字镐 B 撬棍 C 开盖器	 √
▲○♣	10	接入市政排水管道污水的允许 pH 值为多少?	A 5.5～10 B 6.5～10 C 7.5～12	 √
▲○♣	11	用于管道清洗时,哪种装备所需手工作业是最少的?	A 排水管道清洗“鼬” B 带有吸泥的高压水冲洗设备 C 排水管道清洗“牛”	 √
▲○♣	12	什么时候允许将雨水收集口内的截污桶去掉?	A 始终禁止拿出 B 当清洗工作带来很多工作量的时候 C 当它被持久污染时	√
▲○♣	13	人不可通行管道的经济清通方法是什么?	A 采用涡流冲洗装置 B 高压水冲洗 C 采用软管冲洗	 √

标识		问题	选项	答案
▲○♣	14	如果排水管道内积泥很厚,该怎么办?	A 等待下一次降雨	
			B 更新此排水管段	
			C 清通管道	√
▲○♣	15	在合流制排水系统中,哪种设施需要精心维护?	A 转弯井	
			B 排水管道可通行区段	
			C 雨水溢流池和雨水截流池	√
▲○♣	16	被冰冻住的井盖,应采取何种措施打开?	A 使用明火	
			B 使用喷灯	
			C 使用除冻盐,或者类似的溶解盐	√
▲○♣	17	什么是排水管道缺陷的测定报告?	A 测定出的缺陷汇总	
			B 对每一处缺陷的描述	√
			C 缺陷等级汇总表	
▲○♣	18	哪一项不属于排水管道的光学检查?	A 巡查	
			B 管道 TV 测定	
			C 烟雾试验	√
▲○♣	19	如果发现排水管道检查井质量很差,该怎么办?	A 立刻从根本上进行整修	√
			B 结合排水管道建设计划,方才进行整修	
			C 必须立刻进行填充处理	
▲○♣	20	在什么情况下,检查井需要重建,而不是整修?	A 检查井深度大于 5.0 m	
			B 矩形截面和检查井深度大于 5.0 m	
			C 检查井构筑物不再符合普遍认可的技术规范要求	√

标识		问题	选项	答案
▲○	21	高压冲洗设备的工作压力大约是多少?	A 20 bar	
			B 80～120 bar	√
			C 800 bar	
▲○	22	在高压冲洗时,一种特别的“哨声”来自哪里?	A 压力软管	
			B 电动绞盘	
			C 喷嘴头部	√
▲○	23	高压冲洗车运行成本首先取决于什么?	A 行驶的公里数	
			B 运行费率标准	
			C 冲洗时间	√
○	24	排水管道运维中的“闪电钻头”是什么装置?	A 一种避雷防雷装置	
			B 一种带有特别头部的固定导杆,用于清除堵塞物	√
			C 电动快速钻	
○	25	排水管道运维中的“螺旋钻”是什么装置?	A 一种用于清通建筑连接管道的装置	√
			B 一种用于排水管道的钻探器	
			C 一种用于在主干道上钻孔接入支管的设备	
○	26	排水管道运维中的“树根粉碎器”是什么装置?	A 用于处理排水管道基础内树根的设备	
			B 用于处理排水管道内部树根的设备	√
			C 用于处理排水管线中树桩的设备	

标识	问题	选项	答案
○	27 “排水管道清洗鼬”是什么装置？（注：见第55页图1）	A 一种排水管道清洗装置	√
		B 一种排水管道高压清洗装置	
		C 一种排水管道封堵装置	
○	28 什么是排水管道“测定镜”？	A 安装在排水管道危险处的镜子	
		B 一种用于排水管道检查的装置	√
		C 排水管道内的水位	
○	29 什么是“碎管法工艺”？	A 一种将老管道破碎，并在此位置更新管道的工艺	√
		B 一种排水管道静力学计算方法	
		C 借助压缩空气驱动的挤压锤	
○	30 什么情况下，不能够采用“碎管法工艺”？	A 钢筋混凝土管	
		B 管径大于 DN 1000	√
		C 有严重裂缝的管道	
○	31 什么是“吃管法(pipeeating)”工艺？	A 一种管道制造方法	
		B 一种可操控穿过破损老管道的非开挖更新工艺	√
		C 一种修补管道接口的工艺	
○	32 “吃管法”工艺实施前的准备工作有哪些？	A 确定“起始”和“目标”检查井	√
		B 管段状态测定	
		C 切削接口突出部位	

标识		问题	选项	答案
○	33	采用水泥砂浆喷涂整修排水管道时，什么情况下导排水是必需的？	A 从 Q=20 L/s 开始 B 从 Q=100 L/s 开始 C 均是必需的	 √
○	34	哪种排水管道缺陷不能够采用管道机器人整修？	A 纵向裂缝 B 位置偏移 C 入户管伸入长度过大	 √
○	35	管道整修机器人适用于哪种排水管道断面形式？	A 圆形 B 马蹄形 C 卵形	√
○	36	为什么在承压地下水区域进行管道树脂修复时，首先需要注入密封材料？	A 为了管道表面有弹性 B 为了避免未硬化的树脂材料被水冲走 C 为了改善管道混凝土材料性能	 √
○	37	为什么在用管道机器人修复破损处时，先要铲削表面 2～3 cm？	A 因为树脂仅能够形成一定的厚度 B 为了在管道上形成足够的树脂附着面积 C 为了能良好地固定管道机器人	 √
○	38	什么时候采用分段式内衬修复工艺是合适的？	A 当修复管段内内衬材料至少 10 节时 B 当适合于分段式管道整修时 C 当破损仅在局部有限范围内时	 √

标识		问题	选项	答案
○	39	对内衬修复的性能要求是什么?	A 必须要与老管道在结构和力学上充分结合	√
			B 与老管的结合是可以移动的	
			C 有足够大的 k_b 值	
○	40	管道整修机器人适合的管径是多少?	A DN 150～800	√
			B DN 80	
			C 卵形 700/1 100	
○	41	采用短管内衬工艺可不要求什么?	A 不需要修补管道接口缝隙	
			B 不需要挖开接口	
			C 不需要设置反转修复支架	√
○	42	采用内衬修复接口缝隙时,先从何处做起?	A 从管道的最高点开始	
			B 从管道的最低点开始	√
			C 从观察检查井开始	
○	43	采用软管内衬与短管内衬相比,软管内衬法不需要什么?	A 不需要排水管道校准	
			B 不需要开挖沟槽	√
			C 不需要内部切削凸起	
○	44	什么是“打磨”设备?	A 排水管道回收的设备	
			B 只进行切削和打磨的机器人,但并不能够独立进行排水管道整修	√
			C 用于插入和调整衬托的机器	
○	45	排水管道严密性检查的目的是什么?	A 检查排水管道臭气封闭情况	
			B 缺陷整修情况检查	
			C 确定排水管道不严密处的位置	√

标识		问题	选项	答案
○	46	真空法严密性检查的优点是什么?	A 有德国工业 DIN 标准和水协 DWA 标准作为依据	
			B 可以快速和安全地得到检查数据	√
			C 可以避免受污染的空气进入排水管道	
○	47	什么时候必须按照德国工业标准 DIN 4033 进行排水管道测定?	A 新建排水管道验收	√
			B 仅在有计划进行压力管道密封性检查时	
			C 在现有运行管道上接入支管,不采用检查井接入	
○	48	对现有运行中的排水管道进行水密性检查,以下说法正确的是?	A 仅适合于找出严重不严密的位置	
			B 管壁的饱和度无法充分满足	
			C 侧向接入管处很难密封	√

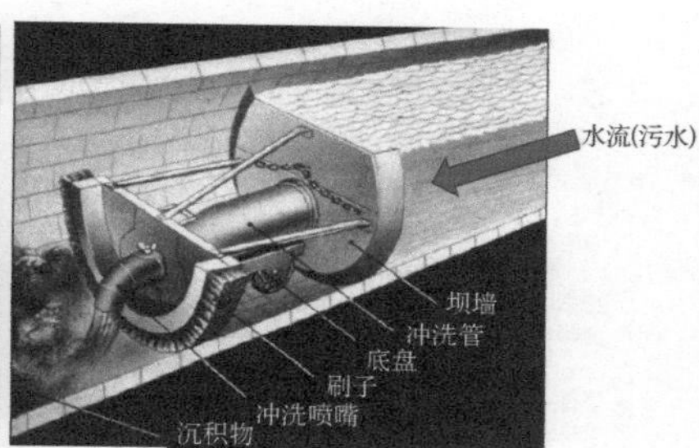

注:“排水管道清洗鼬”“Kanal-Iltis”,外观是一个金属“盒子”,重达数吨。由四个轮子支撑,在侧壁上的其他轮子则保持这个设备进入椭圆形管道中。污水从一边流入进水孔,通过水的流动推动 Iltis 设备前进。位于设备头部的冲洗喷嘴和周边的橡胶刷将管道底部的泥沙冲走,然后这些淤泥被间断性地从收集点(检查井)中掏出和运走。

图 1 “排水管道清洗鼬”“Kanal-Iltis”

图 2

4 污水处理过程

4.1 机械处理过程

标识		问题	选项	答案
▲	1	在初沉池中什么物质被截留?	A 半溶解性悬浮物、胶体等产生浑浊的物质	
			B 可溶解性物质和悬浮物质	
			C 可沉物质和悬浮物质	√
▲	2	强风对圆形沉淀池沉淀过程有什么影响?	A 悬浮污泥重新下沉	
			B 污水被加热	
			C 清水区的水会从一侧溢流至集水槽	√
▲	3	初沉池出水中允许可沉物质的含量是多少?	A 尽可能少	√
			B 肉眼不可见	
			C 20 mL/L	
▲	4	什么生物处理工艺要求初沉池有最好的处理效果?	A 高负荷活性污泥法	
			B 生物滤池	√
			C 低负荷活性污泥法	

标识		问题	选项	答案
▲	5	矩形池的流态为：	A 主要为水平流状态	√
			B 主要为竖向流状态	
			C 呈螺旋流状态	
▲	6	浅层圆形沉淀池的流态为：	A 主要为竖向流状态	
			B 主要为水平流状态	√
			C 呈涡流状态	
▲♣	7	当设计池容积为 180 m^3，进水量为 50 L/s 时，请问水力停留时间是多少？	A 20 min	
			B 1 h	√
			C 3.5 h	
▲♣	8	什么是密度流？	A 一种稠密流体的流动速度	
			B 刮泥层的密度	
			C 各种不同密度流体的流动状态	√
▲❋♣	9	在何处收集沉淀池中的油和油脂？	A 在污泥斗中	
			B 在池底	
			C 在池子表面	√
▲❋♣	10	如何实现进水在沉淀池断面的良好分配？	A 在池边种植阔叶树，以减少风的影响	
			B 在沉淀池进水处建造特别的设施	√
			C 在沉淀池上加盖	
▲❋♣	11	沉淀物借助什么力在沉淀池中沉淀？	A 离心力	
			B 重力	√
			C 电力	

标识		问题	选项	答案
▲※♣	12	如何理解污水机械处理?	A 把污水通过机械进行处理	
			B 通过机械工艺去除大块、悬浮和可沉物质	√
			C 污水处理厂机械控制	
▲※♣	13	在何处收集可沉物质?	A 在沉淀池水面	
			B 在沉淀池底部	√
			C 在格栅后面	
▲※♣	14	通过机械处理,可去除生活污水中多少污染物质?	A 10%~15%	
			B 20%~30%	√
			C 45%~50%	
▲※♣	15	如何计算沉淀池的停留时间?	A 进水量与池容积之比	
			B 池容积与进水量之比	√
			C 进水量与池表面积之比	
▲※♣	16	如何理解表面负荷?	A 每平方米池表面积的小时进水量	√
			B 每平方米池表面积的日悬浮污泥进入量	
			C 每立方米池容积的小时进水量	
▲※♣	17	如何理解沉淀池的水力负荷过大?	A 停留时间小于设计最小值	√
			B 停留时间过长	
			C 容积负荷超过允许值	

标识		问题	选项	答案
▲❋♣	18	沉淀池出水中允许含有多少悬浮污泥?	A 小于 0.3 mL/L	
			B 小于 1 mL/L	
			C 肉眼不可见	√
▲❋♣	19	多特蒙德沉淀池[①]的水流向是什么样的?	A 水流从上向下	
			B 水流从下向上	√
			C 涡流	
▲❋♣	20	沉淀池中的哪个设施用于截留悬浮污泥?	A 出流堰	
			B 浸水挡墙[②]	√
			C 折流墙	

① 根据德国工业标准 DIN 4045 的定义,多特蒙德沉淀池是指中心进水、以竖向流为主的斗形沉淀池。

② 浸水挡墙指一种在水流通道中,其底部淹没在水流下的墙体,用于将水中携带的物料截留下来。

4.2 生物处理过程

标识	问题	选项	答案
▲	1 在什么工艺中，厌氧菌起主导作用？	A 活性污泥工艺	
		B 高负荷生物滤池	
		C 厌氧消化工艺	√
▲	2 在哪种污泥中存在好氧菌？	A 厌氧消化后的污泥	
		B 来自后浓缩池的污泥	
		C 回流污泥	√
▲	3 在哪个 pH 值范围内，好氧生物处理过程效果最好？	A 中性范围，pH 值为 6.5～7.5	√
		B 碱性范围，pH 值＞9.0	
		C 酸性范围，pH 值＜6.0	
▲	4 在哪个 pH 值情况下，生物净化过程会受到影响？	A pH 值＜6.8	
		B pH 值＜6.0	√
		C pH 值＜4.5	
▲	5 在哪个 pH 值范围内，厌氧消化过程效果最好？	A 强酸范围	
		B 强碱范围	
		C 中性至弱碱范围	√
▲	6 在哪个 pH 值范围内，厌氧生物处理过程进行得最好？	A 碱性范围，pH 值＞9.0	
		B 酸性范围，pH 值＜6.0	
		C 中性范围，pH 值为 6.5～7.5	√

标识		问题	选项	答案
▲	7	在哪里会有生物膜?	A 在初沉池内	
			B 在生物滤池内	√
			C 在用污水浇洒的草的叶面上	
▲	8	生物滤池表面发绿,是什么原因?	A 有印染厂污水冲击	
			B 在阳光的照射下,有绿藻生长	√
			C 由于滤料堵塞,藻类向上生长	
▲	9	生物滤池表面变绿对净化效果有什么影响?	A 滤池被堵塞,净化效果下降	
			B 对净化效率没有影响	√
			C 超负荷,导致供氧量不足	
▲	10	在消化池内的污泥厌氧消化为什么是生物过程?	A 可以通过 BOD_5 来调节控制	
			B 在生物过程中微生物都会死亡	
			C 仅可能通过微生物进行的生物化学过程	√
▲	11	什么是污水处理中的硝化反应?	A 铵氮被氧化成为硝酸盐氮	√
			B 生物除氮	
			C 氮气排放	

标识		问题	选项	答案
▲	12	溶解氧在什么范围时，曝气池的硝化池中可以进行硝化反应？	A 0.1～0.5 mg/L B 0.5～0.8 mg/L C 1.0～3.0 mg/L	C √
▲	13	什么是污水处理中的反硝化反应？	A 氮的氧化反应 B 生物方式减少氮过程 C 化学除磷	B √
▲	14	同步反硝化反应的前提条件是什么？	A 二沉池进水 BOD_5 要很高 B 污水处理厂进水 BOD_5 要很低 C 要有硝化反应	C √
▲	15	如何理解曝气池容积负荷？	A 池子墙体的土压力负荷 B 每立方米池容积的 BOD_5 负荷 C 进水中的 BOD_5 浓度	B √
▲	16	如何理解污泥泥龄？	A 污泥在初沉池中的停留时间 B 污泥在消化池中的停留时间 C 污泥在曝气池中的平均停留时间	C √
▲	17	为了实现生物除磷，要求污泥：	A 借助化学药剂给污泥增加重量	

标识		问题	选项	答案
			B 交替经过厌氧、缺氧、好氧区	√
			C 只保持好氧状态	
▲	18	所谓的生物除磷池内是什么状态？	A 好氧状态	
			B 缺氧状态	
			C 厌氧状态	√
▲	19	如何理解生物膜处理工艺，其生物膜生长在哪里？	A 在滤料载体上生长	√
			B 在曝气池中自由漂浮	
			C 絮体在二沉池中被截留，又再回流到曝气池中	
▲	20	哪个工艺属于生物膜法？	A 生物转盘	√
			B 活性污泥法	
			C 沉淀工艺	
▲※	21	生物除磷要求通过什么吸取磷？	A 生物质对磷的强力聚集	√
			B 沉析①	
			C 形成磷酸铁	
▲※	22	如何理解活性污泥法的污泥负荷？	A 池子墙体受储存污泥压力负荷	
			B 每千克污泥干物质的 BOD_5、COD或者氮的日负荷	√
			C 曝气池进水中的污泥负荷	

① 根据德国工业标准 DIN 4045 的定义，沉析是污水中溶解性的物质通过与化学药剂的化学反应，形成非溶解性物质，并沉淀。

标识		问题	选项	答案
▲※♣	23	污水生物净化有哪些目标？	A 提高溶解氧含量 B 减少有机物和氮的含量 C 降解可沉淀的无机物	 √
▲※♣	24	如果处理后污水进入的氧化塘出现绿的表面，意味着什么？	A 池底污泥的无机化加重，原因是塘内温度升高 B 浮萍或者藻类随季节变化而生长 C 污水负荷过大，导致完全处于无氧状态	 √
▲※♣	25	污水的生物净化意味着什么？	A 利用了有生物活性的洗涤剂 B 去除所有生物物质，如细菌、病毒 C 污染物通过微生物得到降解	 √
▲※♣	26	污水经过生物处理后会有何变化？	A 污水中的有机物被微生物吸收，其中一部分转化为微生物细胞 B 污水中的无机物质被微生物包裹后沉淀 C 污水中的无机物被提供的氧氧化	√
▲※♣	27	哪种微生物在生物净化中起降解有机物的作用？	A 水藻 B 蠕虫 C 细菌	 √

标识		问题	选项	答案
▲❋♣	28	哪种微生物在生物净化中起主要作用？	A 细菌	√
			B 病毒	
			C 钟虫	
▲❋♣	29	污水中的哪一部分污染物在生物净化中被去除？	A 盐	
			B 悬浮物、溶解性有机物、氮	√
			C 可沉物质和悬浮物质	
▲❋♣	30	好氧生物过程在什么情况下发生？	A 有氧状态	√
			B 无氧状态	
			C 仅在投加硫酸铁时	
▲❋♣	31	厌氧生物过程在什么情况下发生？	A 有氧状态	
			B 无氧状态	√
			C 仅在不投加营养盐时	
▲❋♣	32	水中溶解氧含量的衡量单位是：	A mL/L	
			B mg/kg	
			C mg/L	√
▲❋♣	33	在污水样品中，存在有毒物质，其 BOD_5 的测定值与无毒环境下的值有什么差别？	A 测定值会较高	
			B 测定值会较低	√
			C 没有差别	
▲♣	34	二沉池出水渠道的“绿色边缘”是什么原因导致的？	A 是花粉造成的	
			B 有印染厂污水进入	
			C 藻类生长	√

4.3 化学处理过程

标识	问题	选项	答案
▲	1 化学处理过程与生化处理过程的区别是什么?	A 化学处理过程中可以没有微生物参与	√
		B 二者没有区别	
		C 化学处理过程是非常复杂的,专业人士也很难解释	
▲	2 中和的含义是什么?	A 工业污水和生活污水合并处理	
		B 将一种液体的 pH 值向 pH 值为 7 的方向调整	√
		C pH 计的校准	
▲	3 酸性情况用什么衡量?	A pH 值>7	
		B pH 值=7	
		C pH 值<7	√
▲	4 碱性情况用什么衡量?	A pH 值>7	√
		B pH 值=7	
		C pH 值<7	
▲	5 pH 值为 13,意味着什么?	A 弱碱性	
		B 强碱性	√
		C 强酸性	

标识		问题	选项	答案
▲	6	哪种药剂作为中和药剂使用?	A 各种盐,特别是食用盐	
			B 酸和碱	√
			C 有机难溶解物质	
▲	7	来自哪里的污水一般要进行中和处理?	A 屠宰场的污水	
			B 制糖厂和酿酒厂的污水	
			C 金属加工企业的污水	√
▲	8	在中和过程中,会产生什么?	A 碱	
			B 酸	
			C 盐	√
▲	9	如何理解化学沉析[①]?	A pH 值下降	
			B 污泥在重力作用下沉淀	
			C 在污水处理厂主要采用铁盐或铝盐进行除磷	√
▲	10	污水处理中主要的化学沉析药剂是什么?	A 铁或铝的化合物	√
			B 高浓度的酸	
			C 火山岩渣	
▲	11	化学沉析的主要用途是?	A 大型污水处理厂用于降低运维成本	
			B 去除污水中的磷	√
			C 去除污水中的氮化合物	

① 根据德国工业标准 DIN 4045 的定义,化学沉析是指通过投加化学物质,将污水中的溶解性物质转化为非溶解性物质,并沉淀的过程。化学除磷就是投加化学药剂后,将溶解性磷酸盐转化为非溶解性磷酸盐,并沉淀的过程。

饱和度的意思就是最大的吸收能力!

图 1

5 污水处理设施设备

5.1 雨水削减

标识		问题	选项	答案
▲○♣	1	在合流制排水系统中，污水处理厂进水前设置雨水溢流设施是为了：	A 避免过多的污染物进入污水处理厂	
			B 污水处理厂能够退出运行	
			C 限制污水处理厂的进水量	√
▲○♣	2	在污水处理厂前进行雨水削减是为了：	A 减少污水处理厂运行人员的劳动负荷	
			B 减少泵站的运行负荷	
			C 减少污水处理厂的雨水进入量	√
▲○♣	3	污水处理厂前的雨水溢流池，一般运行多少次？	A 实际上不运行	
			B 每场雨	
			C 每年5～20次	√
▲○♣	4	以下哪一项会对雨水溢流池的运行产生影响？	A 节流装置	√
			B 降雨频率的减少	
			C 水体水位下降	

标识	问题	选项	答案
▲○♣	5 雨水溢流池中的哪部分合流污水会进入污水处理厂?	A 溢流的部分 B 非溢流的部分 C 两部分都可能	 √
▲○♣	6 雨水溢流池中的积泥必须清除掉，这是为了:	A 避免造成蓄水的提前溢流 B 避免产生毒气 C 让污水处理厂消化池充分发挥作用	√
▲○♣	7 雨水溢流池何时需要检查和清洗?	A 在每次强降雨之后 B 在每次降雨之前 C 一日三次	√
▲○♣	8 在哪些情况下，污水处理厂前可以不设雨水溢流池?	A 在排水管渠断面足够大时 B 在污水依靠泵来提升时 C 在合流污水之前已经被减量时	 √
▲○♣	9 在雨水溢流池中的污水出流管上设置了闸门，其在什么情况下是允许关闭的?	A 在溢流池清洗时 B 在等待降雨时 C 水法中规定允许污水处理厂停止运行的情况下	 √

5.2 雨水池

标识	问题	选项	答案
▲○	1 雨水溢流池应用的技术前提是什么?	A 分流制排水系统	
		B 合流制排水系统	√
		C 在下游设置雨水溢流口	
▲○	2 雨水池需要多长时间维护一次?	A 每天多次	
		B 每周	
		C 每次使用后	√
▲○	3 污水处理厂的何种设施可以起到与雨水池同样的效果?	A 消化池	
		B 曝气池	
		C 沉淀池	√
▲○	4 在雨水过流池[①]中，合流污水会得到什么处理?	A 机械和生物处理	
		B 好氧稳定	
		C 机械澄清	√
▲○	5 雨水沉淀池的主要功能是什么?	A 避免生活污水进入水体	
		B 让分流制系统中的雨水得到机械处理	√
		C 减少污水管道的水力负荷	

① 所谓的过流池(Durchlaufbecken)其实是(合流制)溢流池(Regenüberlaufbecken, RÜB)的一种。RÜB按流态分为过流池和集水池(Fangbecken)，按是否流经池体又分为主流(Hauptschluss)和侧流(Nebenschluss)两种构造。

标识	问题	选项	答案
▲○	6 雨水截流池的主要功能是什么?	A 避免雨水污染水体	
		B 均衡管网中的流量[①]	√
		C 用于分流制系统中雨水的机械处理	
▲○	7 雨水过流池的主要功能是什么?	A 用于分流制系统中雨水的机械净化处理	
		B 减少排水管渠的水力负荷	√
		C 避免雨水污染水体	
▲○♣	8 雨水池在旱天应处于什么状态?	A 总是充满水的,避免混凝土池体损坏	
		B 总是空的,为下一场雨做准备	√
		C 仅在维护检查时放空	
▲○♣	9 在降雨初期进入雨水池的合流污水的水质如何?	A 没有污染	
		B 经常比生活污水污染物浓度更高	√
		C 仅含有无机污染物	
▲○♣	10 雨后,雨水溢流池中的污水怎么处理?	A 在污水处理厂进水负荷低的时候,逐步接入污水处理厂中	√
		B 在夜间排入水体	

① 经截流池后,以稳定的流量(远小于雨水峰值流量)再接入市政管网。

标识		问题	选项	答案
			C 在污水处理厂日进水量最大时与污水处理厂进水快速混合,以起到稀释作用	
▲○♣	11	雨水池的作用是什么?	A 收集和量测雨水	
			B 拦截雨天进水和最高污染物负荷	√
			C 用于污水处理厂出水的养鱼试验	
▲○♣	12	雨水池主要有雨水截流池、雨水沉淀池、雨水溢流池,它们共同的功能是什么?	A 用于污水处理厂清洗	
			B 用于雨水的生物净化	
			C 用于均衡调节雨天排水峰值	√

5.3 格栅与格网

标识	问题	选项	答案
▲♣	1 栅渣量与什么有关?	A 日间水量变化和天气	√
		B 温度	
		C 污水处理系统	
▲♣	2 格栅的主要功能是什么?	A 拦截粗粒径物质	√
		B 限制雨天进水量	
		C 经格栅后,水量得到均衡	
▲♣	3 为什么污水处理厂要设置格栅和格网?	A 为了均衡进水 BOD_5 负荷	
		B 保证沉砂池能够缓慢进水	
		C 避免粗粒径物质影响污水处理厂运行	√
▲♣	4 栅渣量增多的原因大多是什么?	A 生物滤池反冲洗	
		B 暴雨	√
		C 频繁除渣	
▲♣	5 什么措施会增加栅渣量?	A 加大格栅的栅条间距	
		B 减少格栅的栅条间距	√
		C 减少格栅斜度	
▲♣	6 每天的栅渣量主要与什么有关?	A 与格栅的栅条间距有关	√
		B 与格栅维护管理情况有关	
		C 与格栅渠廊道数量有关	

标识		问题	选项	答案
▲♣	7	细格栅的栅条间距是多少？	A 8～10 mm	√
			B 15～40 mm	
			C 60～100 mm	
▲♣	8	精细格栅的栅条间距是多少？	A ＞20 mm	
			B 15～20 mm	
			C ＜10 mm	√
▲♣	9	精细格栅与细格栅相比，有什么优点？	A 除了拦截粗粒径物质外，还可拦截烟蒂、金属瓶盖等	√
			B 价格比较便宜	
			C 甚至可以除砂	
▲♣	10	格网与精细格栅相比有什么优点？	A 可以拦截污水中的棉签	√
			B 可以拦截有害的细菌	
			C 没有差别	
▲♣	11	精细格栅和格网与细格栅相比，在运行上有哪些优点？	A 会减少消化池中的浮渣	√
			B 没有差别	
			C 可以取消初沉池	
▲♣	12	在细格栅后加装格网后，会有什么不同？	A 栅渣量会减少	
			B 栅渣量会增加	√
			C 污水处理厂的生物段负荷会增加	
▲♣	13	自动控制格栅如何控制清渣装置？	A 依据格栅前后水位差	√
			B 仅依据栅前水位	
			C 依据文丘里流量计	

标识		问题	选项	答案
▲♣	14	导致格栅运行障碍的常见原因是什么?	A 进水量过大	
			B 格栅的栅条间距过小	
			C 水位测定仪的探头被污染	√
▲♣	15	给格栅齿耙设置滴水面的目的是什么?	A 为了栅渣的堆积	
			B 给公鸡和海鸥留有取食的地方	
			C 减少栅渣的含水率	√
▲♣	16	如何合理处理栅渣?	A 与污水处理厂的污泥混合	
			B 与石灰混合,并至少在 1 m 深的地下掩埋	
			C 收集在容器内,与生活垃圾一并处理	√
▲♣	17	如果用手接触栅渣,为什么要戴橡胶手套?	A 因为栅渣是黏黏糊糊的	
			B 为了避免接触后洗手	
			C 为了防止疾病传染	√
▲♣	18	哪种栅渣处理方法更好?	A 在干化床上发酵	
			B 在填埋场填埋	
			C 热处理	√
▲♣	19	格栅堵塞会出现什么问题?	A 会导致格栅前的雨水排水口提前溢流	√
			B 会导致格栅后的沉砂池冒溢	
			C 会导致污水处理厂超负荷	

标识		问题	选项	答案
▲♣	20	在格栅边设置事故出水渠的目的是什么？	A 在格栅事故时，避免排水管渠雍水	√
			B 在周末时，让格栅休息	
			C 减少栅渣量	
▲♣	21	格栅机械清渣的频率是多少？	A 每天1～2次	√
			B 仅在夜间	
			C 每周1次	
▲♣	22	栅渣为什么需要淘洗？	A 为了去除栅渣中的有机物	
			B 为了淘洗出粪便物质	√
			C 为了看起来更美观	
▲♣	23	栅渣在处理前，为什么要脱水？	A 让栅渣中的 BOD_5 可以再次进入污水处理厂	√
			B 提高栅渣的处置量	
			C 减少焚烧时的栅渣热值	
▲♣	24	栅渣在处理前，为什么要脱水？	A 减少栅渣运输成本和气味	√
			B 提高栅渣量	
			C 便于填埋	

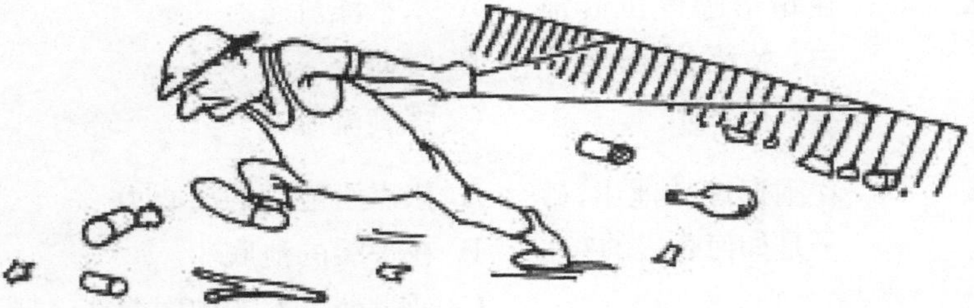

图1

5.4 沉砂池

标识		问题	选项	答案
▲	1	在沉砂池中不需要截留的是什么?	A 较大的砂子	
			B 可沉淀污泥	√
			C 细砂	
▲	2	为什么砂子需要从污水中分离出来?	A 否则会造成出水浑浊	
			B 出售砂子会有好的收入	
			C 否则会导致污水处理厂运行事故	√
▲	3	在什么情况下,除砂量较大?	A 旱天时	
			B 连绵阴雨时	
			C 暴雨和融雪后	√
▲	4	沉砂量变大是因为:	A 沥青路面沥青含量较少	
			B 停车场地面过于平缓	
			C 来自街道的砾石路面	√
▲	5	在矩形曝气沉砂池中,水流形态是什么样的?	A 水平流流态	
			B 竖向流流态	
			C 螺旋流流态	√
▲	6	在圆形沉砂池中,砂子是如何收集的?	A 依靠沿池边的离心力	
			B 在平缓的池底	
			C 通过池下部的中间漏斗	√

标识	问题	选项	答案
▲	7 如何利用简单的方法评价沉砂池的运行情况?	A 称量截留砂量	
		B 测定初沉池污泥中的含砂量	√
		C 精确测定池壁的粗糙度	
▲	8 在初沉池污泥中经常含有较多的砂子,是什么原因导致的?	A 进水量过大,导致沉砂池超负荷运行	√
		B 污水处理厂的地下水位升高,将砂子从池底带入沉淀池中	
		C 沉砂池中的流速过小	
▲	9 在矩形曝气沉砂池中,曝气的主要作用是什么?	A 阻止生物降解发生	
		B 通过密度的变化,实现水和有机物的分离	√
		C 将有臭味的物质吹出来	
▲	10 在沉砂池中采取相应的结构措施,可以将何种功能与沉砂相结合?	A 去除较轻的物质,如油和油脂	√
		B 完全的生化反应	
		C 初次沉淀	
▲	11 在旱天,曝气沉砂池的停留时间一般为多长?	A 20 min	√
		B 60 min	
		C 3 h	
▲	12 如何处置在沉砂池中截留的油和油脂?	A 作为特殊垃圾	√
		B 作为用于焚烧的助燃剂	
		C 在污泥塘内干化	

标识		问题	选项	答案
▲♣	13	平流式沉砂池的流速为多少?	A 10 m/s B 0.3 m/s C 0.6 m/s	 √
▲♣	14	测量平流式沉砂池中的流速的方法中,最简单的一种是:	A 设置文丘里流量计 B 使用光电测定装置 C 测量某个漂浮物流经一段距离的时间	 √
▲♣	15	污水流过平流式沉砂池的速度过慢的结果是什么?	A 会有更多的砂子进入沉淀池 B 排出的砂子会更加干净 C 会有粪渣沉淀	 √
▲♣	16	在不曝气的平流式沉砂池中,砂子是如何沉淀的?	A 沉砂池的流速大于管渠中的流速 B 螺旋流使砂子和水分离 C 通过较低的流速,大约为0.3 m/s	 √
▲♣	17	沉砂就算经过清洗,一般还是会呈什么颜色?	A 浅黄色 B 深灰色 C 深黄色	 √
▲♣	18	如果污水处理厂进水中发现有油,曝气沉砂池应采取什么措施?	A 停止运行,因为沉砂池没有除油的功能 B 保持运行状态,可在适当的时候关闭曝气系统 C 使用燃烧的方法,加大曝气量	 √

标识		问题	选项	答案
▲♣	19	应该如何处置沉砂？	A 不用清洗，直接用于农田 B 作为堆肥的添加物 C 在洗砂后，作为建材，或者在填埋场填埋	 √
▲♣	20	如果平流式沉砂池的流速过慢，可以采取什么临时措施来减轻流速过慢带来的不良后果？	A 打开排空管 B 经常采用压力空气冲搅 C 关闭若干格沉砂池	 √
▲♣	21	人工除砂的沉砂池至少多少时间须清一次砂？	A 冬季结束时，因为冬天为了防滑使用了很多粗砂 B 当储砂斗内砂量达到2/3时 C 每个月一次	 √
▲♣	22	在什么情况下平流沉砂池的流速会增大？	A 长时间旱天时 B 暴雨期间 C 气温升高时	 √
▲♣	23	如果平流沉砂池内的污水流速达到0.6 m/s，会发生什么？	A 沉砂池会淤塞 B 沉砂池会更快被充满 C 砂子不会有效沉淀	 √
▲♣	24	平流沉砂池内的流速变小的原因可能是什么？	A 沉砂池池宽变窄 B 进水渠被堵塞 C 出水渠被堵塞	 √

5.5 除油池

标识		问题	选项	答案
▲	1	去除悬浮物质的设施经常与什么构筑物结合在一起?	A 曝气池 B 曝气沉砂池 C 消化池	 √
▲○♣	2	通过轻物质分离器,可以从污水中分离什么物质?	A 油、汽油、油脂 B 软木塞、果皮、乒乓球 C 悬浮的粪渣	√
▲○♣	3	在哪些地方必须设置油、汽油的隔油装置?	A 矿物油加工厂 B 肉食品加工厂 C 污水处理厂	√
▲○♣	4	在哪些地方必须设置油脂去除装置?	A 矿物油加工厂 B 肉食品加工厂 C 污水处理厂	 √
▲○♣	5	较轻的物质主要从去除设施的什么地方收集?	A 池墙处 B 池子表面 C 池子底部	 √
▲○♣	6	热水对油脂去除装置有影响吗?	A 当然,油脂受热会部分乳化 B 当然,油脂受热会沉淀 C 不会,没有影响	√

标识	问题	选项	答案
▲○♣	7 采用什么装置收集去除的油和汽油?	A 高压水冲洗设备 B 吸泥车 C 适合于燃油运输的吸油车	 √
▲○♣	8 采用什么装置清理隔油装置的油脂?	A 压力空气喷射 B 吸泥车 C 适合于燃油运输的吸油车	 √
▲○♣	9 在清除油和汽油时,应注意什么?	A 避免将砂子混进吸油车内 B 与其他较轻的物质良好混合 C 将沉泥槽一并清刮	 √
▲○♣	10 隔油装置产生的浮渣该怎么处理?	A 作为燃料 B 作为特别监管的垃圾 C 作为廉价杀虫剂	 √

5.6 沉淀池

标识	问题	选项	答案
▲	1 初沉池旱天停留时间一般是多长？	A 10 min B 0.5～1 h C 6～8 h	 √
▲	2 生活污水中多少 BOD_5 可以被初沉池去除？	A 5%～10% B 20%～30% C 60%～70%	 √
▲	3 初沉池的流速为什么要大大低于沉砂池？	A 为了避免产生密度干扰 B 为了平衡水和空气的温差 C 为了更多较轻物质可以沉淀	 √
▲	4 在旱天，初沉池出水中允许多少可沉物质含量？	A 尽可能少 B 肉眼不可见 C 大于 20 mL/L	√
▲	5 在雨天，初沉池的停留时间为多长？	A 20～45 min B 2～3 h C 3～5 h	√
▲	6 如何评价初沉池的沉淀效果？	A 测定初沉池出水中的可沉物质含量 B 测定初沉池出水中悬浮物质含量 C 比较进出水的 BOD_5 含量	√

标识	问题	选项	答案
▲	7 如果初沉池污泥中有砂子，该怎么办？	A 质询主管部门，砂子从何而来	
		B 将含有砂子的污泥回流至沉砂池中	
		C 检查沉砂池，采取改善沉砂池运行效果的措施	√
▲	8 矩形初沉池刮泥机运行频率是多少？	A 每天一次	
		B 每天多次	√
		C 连续运行	
▲	9 如果初沉池退出运行，曝气池会出现什么情况？	A 需氧量会降低	
		B 需氧量会升高	√
		C 由于污水直接接入曝气池，曝气池会出现涡流	
▲	10 矩形初沉池一般多长时间进行一次清泥？	A 排放管的闸门总是开启的	
		B 一天 1～2 次，按照泥位自动调控	√
		C 当有气泡产生时	
▲	11 初沉池污泥颜色变深是什么原因导致的？	A 池底刮泥设备运行不好	√
		B 过量的氧气供给	
		C 受到路面防冻盐的冲击	
▲	12 为什么新鲜污泥必须从初沉池内尽快排放？	A 停留时间不能过短	
		B 消化池进泥量不能过小	
		C 污泥不能进入发酵阶段，否则沉淀效果会变差	√

标识		问题	选项	答案
▲	13	初沉池污泥发黑是什么原因引起的?	A 外界空气和污水存在很大温度差	
			B 刮泥频次太低,或者刮泥设备有问题	√
			C 消化池温度下降	
▲	14	在什么情况下,大风会影响初沉池运行?	A 表面积非常大时	√
			B 进水中含有较多的油脂时	
			C 风太寒冷时	
▲	15	初沉池表面形成冰盖的结果是什么?	A 因温度差产生的沉淀过程会被干扰	
			B 妨碍刮泥机的运行	√
			C 妨碍热交换	
▲	16	活性污泥法的二沉池停留时间过长的结果是什么?	A 活性污泥会过度浓缩	
			B 池内会产生涡流	
			C 污泥会上浮	√
▲	17	如何衡量二沉池的沉淀效果?	A 分析污泥指数	
			B 测定出水中可过滤物质[①]浓度	√
			C 测定出水中的 BOD_5 浓度	
▲	18	为什么二沉池多是圆形沉淀池?	A 视觉效果好	
			B 有利于较轻污泥的沉淀	√
			C 更加省地	

① 根据德国工业标准 DIN 4045 的定义,可过滤物质是指按规定方法经过滤、干燥后称重测定的物质;其可以是沉降的、漂浮的、悬浮的有机或无机的不溶解物质。

标识		问题	选项	答案
▲	19	圆形沉淀池刮泥机如何运行?	A 24 h连续运行	√
			B 白天运行,夜间停止	
			C 每天运行2 h	
▲	20	回流污泥从二沉池到曝气池是如何回流的?	A 大约每天回流4次	
			B 白天回流,夜间不回流	
			C 连续进行	√
▲	21	如何可以减少溢流堰的溢流负荷?	A 加长堰的长度	√
			B 缩短堰的长度	
			C 提高堰的高度	
▲	22	沉淀池刮泥机对污泥的主要工作任务是什么?	A 将污泥压平	
			B 在池底搅拌,促进污泥浓缩	
			C 将污泥输送到积泥斗中	√
▲	23	哪种刮泥机只可以在矩形沉淀池中使用?	A 圆形刮泥机	
			B 链式刮泥机	√
			C 耙式刮泥机	
▲	24	为什么矩形沉淀池的刮泥机行驶到末端后,刮泥板需要提升后再返回?	A 避免腐蚀	
			B 节省能量	
			C 提高刮泥效果	√
▲	25	必须要在刮泥机桥架上设置红色紧急停车按钮吗?	A 是的,用于保证行驶安全	√
			B 没有,这是可以取消的	
			C 没有,这是过度安全措施	
▲*	26	如果初沉池运行效果不好,会给曝气池带来什么影响?	A 会堵塞曝气头	
			B 需氧量会提高	√
			C 会堵塞曝气管道	

标识		问题	选项	答案
▲※	27	如果初沉池运行效果不好，会给生物滤池带来什么影响？	A 可沉物质会在滤料空隙间集聚，造成滤池堵塞和供氧失效 B 会提高可沉物质的旋转速度 C 会导致生物滤池进水泵的电机过载，而被烧毁	√
▲※	28	多槽式污泥发酵坑多长时间清理一次？	A 根据需要 B 一年一次 C 两年一次	√
▲※♣	29	沉淀为什么被称为机械处理？	A 在刮泥中，使用了机械设备 B 因为重力遵循机械力学的物理定律 C 无须人来管理	√
▲※♣	30	用于机械处理中的固体物分离原理是什么？	A 沉淀 B 反硝化 C 生物氧化	√
▲※♣	31	如果某些进水区域被堵塞的话，沉淀池会出现“死水区”吗？	A 会的，因为会导致沉淀池流态不再均匀 B 不会，因为沉淀池的流态始终是均匀的 C 不会，这种情况是不会存在的，因为污水会在其他未堵塞的进水口加快流速	√

标识		问题	选项	答案
▲※♣	32	沉淀池的浸水挡墙的功能是什么？	A 提高波浪负荷	
			B 避免产生波浪负荷	
			C 阻挡漂浮物质[1]	√
▲※♣	33	沉淀池进水改善措施，如挡水盘[2]、挡水墙的作用是什么？	A 分离污水进水中残余的栅渣	
			B 转换进水水流的能量	√
			C 促使污泥进入污泥斗内	
▲※♣	34	沉淀池水面上部池墙和出水渠中的污染物必须清理掉，这是为了：	A 保证水流的畅通无阻	
			B 构成运行人员的日常工作	
			C 避免产生气味的影响	√
▲※♣	35	在二沉池中截留的是什么？	A 溶解性物质和有色物质	
			B 微生物的聚集体（细菌絮体）	√
			C 污泥消化后的残留物	
▲♣	36	在沉淀池中会存在密度干扰，这是因为：	A 可沉污泥有较大的密度，因此流动速度更快	
			B 地下水会从池子的不严密处渗入，导致泉涌	
			C 温度低的水比温度高的水密度大	√

① 根据德国工业标准 DIN 4045 的定义，漂浮物质指非溶解性的、漂浮在水面的物质。

② 德国挡水盘定义：一种盘型装置，用于改变水流方向和能量转换，主要用在沉淀池采用圆形进水孔时。

标识		问题	选项	答案
▲♣	37	为什么密度流会对沉淀产生干扰?	A 会阻碍可沉物质向池底沉淀	√
			B 会导致池子被清空	
			C 污泥密度增大影响流动	
▲♣	38	可以采用什么方法清除堆积在多特蒙德沉淀池斗底斜面上的沉淀物?	A 每周至少一次人工用铲子清除	√
			B 采用高压水冲洗	
			C 均匀投加化学药剂	

5.7 生物滤池

标识		问题	选项	答案
▲	1	生物滤池表面会出现很多“水坑”，如何处理这个问题？	A 吸掉	
			B 通过回流，加大旋转布水器的出流水量	√
			C 借助蒸发	
▲	2	为什么生物滤池表面会出现“水坑”？	A 受较低室外温度的影响	
			B 滤料结泥的缘故	√
			C 受大暴雨的影响	
▲	3	生物滤池表面上的“水坑”是因什么原因导致的？	A 由于较高的有机负荷	√
			B 由于较高的表面水力负荷	
			C 由于旋转布水器转动过慢	
▲	4	当生物滤池表面产生“水坑”时，应怎么处理？	A 加大表面水力负荷	√
			B 减小表面水力负荷	
			C 将表面水层撇去，用锤子将石块填料敲碎	
▲	5	生物滤池中，溶解性生物膜在何处被截留住？	A 根本不需要	
			B 在二沉池中	√
			C 在生物滤池的出水渠中	
▲	6	一般情况下如何去除生物滤池产生的污泥？	A 在结泥球后，通过更换和清洗滤料	
			B 采用橡胶软管冲洗滤料	
			C 滤池出水进入二沉池沉淀去除	√

标识	问题	选项	答案
▲	7 生物滤池在夏天会发出臭味，可能是什么原因导致的？	A 消化池发生酸化反应	
		B 在生物滤池底部的污泥发生发酵反应	√
		C 运行人员管理不到位	
▲	8 生物滤池产生的池蝇会影响周边环境，如何避免池蝇的产生？	A 停止进水，直到没有池蝇为止	
		B 在滤池出水中加氯	
		C 持续进水，在夜间也是如此，还需要及时冲洗池壁	√
▲	9 避免池蝇产生的有效措施是什么？	A 需要时，在生物滤池出水中加氯	
		B 加设扑蝇网	
		C 取消旋转布水器的端盖，让水流持续冲洗池墙	√
▲	10 如果一个生物滤池因事故 2 周没有运行，那么在重新投入运行后一般需要多长时间可以恢复到应有的净化效果？	A 1～2 周	√
		B 不可能再恢复	
		C 几天	
▲	11 生物滤池重新投入运行，则应：	A 从开始就应满负荷进水	√
		B 开始时，进水量要小	
		C 在一段时间内，进行短暂有力的冲洗	

标识		问题	选项	答案
▲	12	一个新运行的生物滤池在夏天调试，大约需要多长时间？	A 2～3天	
			B 2～3周	√
			C 2～3个月	
▲	13	一个填料为火山石的生物滤池新启用时，应该注意什么？	A 运行初期仅滤池表面被适当湿润	
			B 启动初始，采用细网打毛滤料上的天然植被	
			C 在运行初期，会有很多细砂被洗出来，这些砂子应在二沉池中截留	√
▲	14	采用旋转布水器的生物滤池进水最合适的 BOD_5 平均浓度是多少？	A 500 mg/L	
			B 300 mg/L	
			C 130 mg/L	√
▲	15	一个设计合理且回流合适的生物滤池的 BOD_5 去除率是多少？	A 90%	√
			B 70%	
			C 60%	
▲	16	如何让旋转布水器的旋转速度减小？	A 减少旋转布水器出口的水量	√
			B 加大生物滤池过流水量	
			C 加大旋转布水器出口水量	

标识		问题	选项	答案
▲	17	如何让旋转布水器的旋转速度增大?	A 减少旋转布水器出口的水量	
			B 加大旋转布水器出口的水量	√
			C 改变减速器的运行方式	
▲	18	多长时间需要维护一次旋转布水器?	A 每天	√
			B 一周一次	
			C 一个月一次	
▲	19	打开旋转布水器法兰后,布水器管的首选清洗方式是什么?	A 采用毛刷来回刷洗	√
			B 采用高压水清洗	
			C 连接软管清洗	
▲	20	需要多长时间对生物滤池的进气口和出水渠道清洗一次?	A 每天 3 次	
			B 每月 1 次	
			C 一周至少 1 次	√
▲	21	必须经常清洗生物滤池出水渠,其目的是:	A 避免可沉淀物质在出水渠中沉淀	√
			B 避免藻类在出水渠道内生长	
			C 消除出水渠中的不平整处	
▲*	22	生物滤池火山岩滤料是由什么材料组成的?	A 混凝土碎块	
			B 陶瓷块	
			C 抗风雨、防水的天然石材	√

标识	问题	选项	答案
▲※	23 生物滤池火山石滤料的粒径大约为多少?	A 20～30 mm	
		B 40～80 mm	√
		C 150～200 mm	
▲※	24 哪种生物滤池滤料具有良好的防堵塞性能?	A 具有特殊形状的人工滤料	√
		B 橡胶粒	
		C 泡沫塑料	
▲※	25 为什么生物滤池也会使用人工滤料?因为它:	A 比火山石轻	
		B 比火山石便宜	
		C 比火山石的比表面积大	√
▲※	26 生物滤池与曝气池相比,优点是什么?	A 没有污泥膨胀问题	√
		B 占地更小	
		C 净化效果更好	
▲※	27 活性污泥法与生物滤池相比,其优点是:	A 维护工作量小,且不易出现运行故障	
		B 生化效果可控性和可优化性好	√
		C 消耗的能量少	
▲※	28 生物滤池和生物转盘的共性是什么?	A 二者都需要高扬程泵提升污水	
		B 二者都有生物膜	√
		C 反冲洗对二者都不重要	

标识		问题	选项	答案
▲❋	29	生物转盘是一种什么装置?	A 旋转布水器的生物滤池，其填料是微小的盘状人工合成材料	
			B 垂直安装的盘片，可旋转进入污水的槽内	√
			C 生物滤池，其污水经旋转的盘片分配到滤池内	
▲❋	30	生物转盘的材料是什么?	A 薄钢片	
			B 火山石	
			C 人工合成材料	√
▲❋	31	生物滤池反冲洗水来自哪里?	A 二沉池出水	√
			B 二沉池污泥	
			C 初沉池出水	
▲❋	32	生物滤池反冲洗泵工作强度提升，是为了达到何种效果?	A 充分发挥泵组的效能	
			B 旋转布水器缓慢旋转	
			C 加大表面水力负荷和冲洗强度	√
▲❋	33	生物滤池反冲洗回流是一种什么运行方式?	A 使二沉池一部分出水返回到生物滤池的措施	√
			B 使二沉池一部分污泥返回到生物滤池的措施	
			C 使二沉池一部分污泥返回到初沉池的措施	

标识		问题	选项	答案
▲※	34	在生物滤池反冲洗回流中，污泥量应该是多少？	A 尽可能多，这样可以带有更多的微生物到生物滤池，以提高净化效果	
			B 对生物滤池的净化效果没有影响	
			C 尽可能少，避免在生物滤池再积泥	√
▲※	35	生物滤池回流水取自哪里？	A 在进入二沉池前的生物滤池出水中	
			B 初沉池进水	
			C 二沉池出水	√
▲※	36	如何提高生物滤池表面水力负荷或冲洗强度？	A 加大二沉池	
			B 提高回流污泥量	
			C 加大回流水泵水量	√
▲※	37	生物膜是什么？	A 生长在污水处理厂中的草坪，其仅靠污泥来提供营养	
			B 在生物滤池填料上生长的微生物	√
			C 用污水浇灌的草坪	
▲※	38	预处理对保证生物膜法工艺（生物滤池、生物转盘、生物浮床等）效果的作用是什么？	A 确保生物处理的溶解性物质很少	
			B 防止生物滤池堵塞	√
			C 为了减少剩余污泥量	

标识		问题	选项	答案
▲※	39	在什么设施后需要设置二沉池？	A SBR 后 B 湿地后 C 生物滤池后	 √
▲※	40	什么情况下，生物滤池的水力负荷会提高？	A 在经初沉池对固体物深度处理后 B 在日间进水量是均衡的情况下 C 在高回流量的情况下	 √

5.8 曝气池

标识	问题	选项	答案
▲	1 以下哪项属于活性污泥法工艺的一部分？	A 长时间曝气的工艺	√
		B 通常所说的湿污泥焚烧	
		C 巴氏消毒	
▲	2 哪个是对活性污泥的正确解释？	A 活性污泥可以活跃地进行厌氧消化	
		B 曝气池中微生物保持着运动状态	
		C 污泥絮体主要是由微生物构成的	√
▲	3 同步好氧污泥稳定工艺是如何实现污泥稳定的？	A 在浓缩池内	
		B 在有长污泥泥龄的曝气池内	√
		C 在厌氧消化池内	
▲	4 容积负荷是什么意思？	A 每日进入每立方米曝气池池容的 BOD_5 负荷	√
		B 每日 1 g 干物质产生的 BOD_5 负荷	
		C 每立方米曝气池池容中的微生物数量	

标识		问题	选项	答案
▲	5	曝气池的哪个污泥沉降比是正确的?	A 120～150 mL/L B 200～600 mL/L C 900～950 mL/L	 √
▲	6	降低哪一项,可以提高曝气池的污泥含量?	A 污泥回流比 B 剩余污泥排放量 C 曝气量	 √
▲	7	如果测定到曝气池内的污泥体积很高,你应该采取的正确措施是?	A 减少回流量 B 加大剩余污泥排放量 C 减少曝气量	 √
▲	8	可以通过什么措施减少曝气池中的污泥含量?	A 加大曝气量 B 加大污泥回流量 C 加大剩余污泥排放量	 √
▲	9	可以通过什么措施控制曝气池中的污泥含量?	A 污水进水量 B 剩余污泥排放量 C 供氧量	 √
▲	10	哪个曝气池的污泥沉降比测定频次是合适的?	A 每天一次 B 偶然进行 C 每月 2～3 次	√
▲	11	如果在早上测定确定了污泥沉降比,但是曝气池的污泥含量持续下降,该采取什么措施?	A 从消化池中提取接种污泥 B 停止剩余污泥排放 C 停止污泥回流	 √

标识		问题	选项	答案
▲	12	回流污泥中的干物质含量会因什么变化而受到影响？	A 初沉污泥排放的变化	
			B 回流污泥泵流量的变化	√
			C 新鲜污泥的固体物含量的变化	
▲	13	一般曝气池污泥干物质含量的范围是多少？	A 1～1.5 g/L	
			B 2～5 g/L	√
			C 6～9 g/L	
▲	14	曝气池中的污泥干物质含量高于允许值，应该采取什么措施？	A 提高硝化池至反硝化池的内回流量	
			B 提高回流污泥量	
			C 加大剩余污泥排放量	√
▲	15	如何计算污泥指数？	A 污泥沉降比乘以干物质含量	
			B 污泥沉降比除以干物质含量	√
			C 干物质含量除以污泥沉降比	
▲	16	污泥指数的含义是什么？	A 衡量活性污泥的沉降性能	√
			B 衡量原污泥的产量	
			C 衡量来自道路部分的污染物	
▲	17	哪个污泥指数表示活性污泥有良好的沉降性能？	A 75～150 mL/g	√
			B 200～300 mL/g	
			C 300～500 mL/g	

标识		问题	选项	答案
▲	18	某活性污泥的污泥指数为 75 mL/g,表示该污泥的沉降性能:	A 不好 B 好 C 不会沉降	 √
▲	19	能否通过观察污泥外观来判定污泥指数高低?	A 不可以 B 可以,可以通过污泥颜色来判定 C 可以,可以通过污泥回流比来判定	√
▲	20	来自啤酒厂或奶制品厂的污水对污泥指数有何影响?	A 污泥指数会增大 B 污泥指数会减小 C 没有影响	√
▲	21	生物处理设施内出现污泥膨胀,此时可以通过什么来判断污泥状态?	A 活性污泥沉降很快,故在曝气池中沉积 B 污泥指数上升很快 C 在曝气池中产生很多泡沫	 √
▲	22	污泥膨胀是什么状况?	A 污泥有很高的污泥指数,是因为丝状菌生长所致 B 污泥有很高的固体物含量 C 有厌氧消化污泥进入	√
▲	23	在什么情况下,可以认为发生了污泥膨胀?	A 在污泥絮体中有气泡产生 B 污泥指数达到 80 mL/g C 污泥指数大于 150 mL/L,微生物中存在丝状菌	 √

标识	问题	选项	答案
▲	24 剩余污泥在何处排放?	A 初沉池	
		B 消化池	
		C 二沉池	√
▲	25 活性污泥法工艺的剩余污泥从哪里排放?	A 从污泥回流系统,或者直接从二沉池中	√
		B 从初沉池泥斗中	
		C 从厌氧消化池顶	
▲	26 剩余污泥可以重新排放到哪里?	A 初沉池进水中	√
		B 曝气池	
		C 二沉池	
▲	27 每天都要测定曝气池的哪个参数?	A 测定英霍夫池 2 h 后的污泥含量	
		B 透明度,或者浑浊度	
		C 量筒中 30 min 后的污泥沉降比	√
▲	28 曝气池要一天多次或连续测定的是什么指标?	A 耗氧量	
		B 污泥的氧消耗量(呼吸)	
		C 溶氧量	√
▲	29 污泥回流比为 0.5 的意思是什么?	A 污水进水量一半的污泥回流至曝气池	√
		B 回流污泥量一半的污水量	
		C 污水量和污泥量均为各自的一半	

标识		问题	选项	答案
▲	30	随着回流比的增大，曝气池中也随之发生什么变化？	A 干物质含量随之增加	√
			B 干物质含量随之减少	
			C 需氧量随之减少	
▲	31	曝气池硝化段的溶解氧含量在哪个范围？	A 0.1～0.2 mg/L	
			B 1.0～3.0 mg/L	√
			C 4.0～6.0 mg/L	
▲	32	当污泥沉降比提高，曝气池需氧量会变化吗？	A 会,需氧量增加	√
			B 会,需氧量下降	
			C 不会变化	
▲	33	曝气池在何种条件下,可以按照溶解氧的节能限值运行？	A 在每周初期	
			B 在 O_2 含量连续测定，并以此控制鼓风量时	√
			C 在曝气头是新的时候	
▲	34	与负荷相关的曝气池供氧量调控是通过什么方法实现的？	A 提升曝气装置负荷	
			B 氧电极、传感器和控制器	√
			C 依据小时溶氧量测定，调节进水量	
▲	35	如何在应用压缩空气曝气和旋转活塞式鼓风机时改变曝气池供氧量？	A 调节空气阀门	
			B 调整曝气头数量	
			C 按照 O_2 电极探头测定数据开启，或者关闭鼓风机数量	√

标识		问题	选项	答案
▲	36	在什么时候曝气池中的氧含量必须高于经济合理的低限值？	A 在低负荷时，但需要强化搅拌	√
			B 当预计监管部门要进行检查时	
			C 在工作日高峰负荷期间	
▲	37	表面曝气机是什么设备？	A 用于曝气装置的离心泵旋转轮	
			B 消化池的混合搅拌装置	
			C 用于曝气池供氧的设备	√
▲	38	表面曝气设备的淹没深度对曝气效率有重要影响，如何调节？	A 调整曝气机淹没深度，或者调节曝气池出水堰高度	√
			B 调整曝气池进水量	
			C 调整污泥回流量	
▲	39	哪种不是表面曝气设备？	A 转轮式曝气器	
			B 转筒式曝气器	
			C 曝气头	√
▲	40	当表面曝气设备的淹没深度增加后，会发生什么？	A 电机耗电量增加，供氧量增加	√
			B 电机耗电量减少，供氧量增加	
			C 电机耗电量减少，供氧量减少	
▲	41	如果需要减少转筒式曝气器的供氧量，则需要做什么？	A 加大转筒的淹没深度	
			B 减少转筒的淹没深度	√
			C 加大转筒的转动速度	

标识		问题	选项	答案
▲	42	如果表面曝气设备的淹没深度不足，也不可调节，且转速也不能调整，应该采取何种措施？	A 通过提高出水堰的高度，加大表面曝气器的淹没深度	√
			B 通过降低出水堰的高度，减小表面曝气器的淹没深度	
			C 加设淹没挡墙，提高电流强度安全设限值	
▲	43	如何调节表面曝气设备的供氧量？	A 改建回流污泥管道	
			B 减少新鲜污泥排放量	
			C 调节表面曝气器的淹没深度	√
▲	44	为了新建污水处理厂的调试，从哪里可以找到驯化的活性污泥？	A 来自距离新建污水处理厂 10 km 之内的厂，且该污水处理厂与新建厂按照同样工艺运行。	√
			B 在悬浮污泥储存池中	
			C 污泥填埋场	
▲	45	一座新建污水处理厂一般需要多长时间调试？	A 1～2 天	
			B 1～2 周	√
			C 1～2 月	

标识		问题	选项	答案
▲	46	在污水处理厂调试中，一些专业人士的意见不一致。比如污水处理厂调试时是否应该满负荷进水，还是分阶段逐步提高负荷，哪个选项是错误的？	A 投加来自其他曝气池的接种污泥	
			B 加大回流污泥量	
			C 排放剩余污泥	√
▲	47	什么是污泥泥龄？	A 腐败、过度老化的污泥	
			B 生物物质(活性污泥)在曝气池中的平均停留时间	√
			C 消化池容积除以每日进泥量	
▲	48	什么情况下需要较高的污泥泥龄？	A 需要良好的污泥厌氧消化时	
			B 需要良好的污泥指数时	
			C 深度硝化反应	√
▲	49	硝化反应在何处进行？	A 在初沉池中	
			B 在曝气池曝气段	√
			C 在二沉池中	
▲	50	哪个是反硝化的必要条件？	A 足够丰富的 BOD_5 和贫乏的溶解氧	√
			B 溶解氧含量至少为 3 mg/L	
			C 温度低于 5 ℃	

标识		问题	选项	答案
▲	51	一个带有污泥好氧稳定的生化池，如果进行反硝化，其溶解氧含量多少合适？	A 大于 3 mg/L	
			B 大约 1.0～3.0 mg/L	
			C 0 mg/L	√
▲	52	污水处理厂出水中硝酸盐氮含量较高，是什么原因？	A 反硝化池中的溶解氧含量较高	√
			B 硝化反应池中的溶解氧含量过低	
			C 曝气池中的干物质含量过高	
▲	53	实现生物除磷，污泥必须：	A 连续经过厌氧、缺氧、好氧区域	√
			B 始终处于厌氧环境	
			C 始终处于好氧环境	
▲	54	如何实现生物除磷？	A 投加铁盐或铝盐，形成磷化合物	
			B 加大磷在生物质中聚集	√
			C 磷沉析	
▲※	55	活性污泥法的特征是什么？	A 经生物物质呼吸消耗殆尽的氧气，在厌氧消化池进口被小剂量重新注入，以使污泥取得生物活性	

标识	问题	选项	答案
		B 在污水中存在的细菌经过二沉池重复休眠和复活	
		C 原污水和活性污泥混合在一起	√
▲❋	56 活性污泥法与自然生态处理法相比，有什么优点？	A 前者几乎没有运行成本	
		B 前者可在较小的占地面积上，用较短的时间实现污水的净化处理	√
		C 前者温度敏感性小	
▲❋	57 活性污泥法与生物滤池相比，有什么优点？	A 前者不易发生运行故障，运行管理要求低	
		B 前者的净化效果更容易控制	√
		C 前者进水 BOD_5 对有机物降解率的影响更小	
▲❋	58 活性污泥法良好运行的前提条件是什么？	A 进水 BOD_5 浓度高且溶解氧含量低于 0.5 mg/L	
		B O_2、搅拌、营养物和微生物（生物质）浓度足够	√
		C 空气、搅拌和专门的营养物	

标识	问题	选项	答案
▲❋	59 什么是回流污泥?	A 经上水管道向消化池回流的污泥	
		B 从二沉池向曝气池回流的污泥	√
		C 由消化池向污水处理厂进水口回流的污泥	
▲❋	60 回流污泥来自哪里?	A 二沉池	√
		B 曝气池	
		C 消化池	
▲❋	61 回流污泥回流至哪里?	A 初沉池	
		B 曝气池	√
		C 消化池	
▲❋	62 回流污泥量与进水量的比值为回流比,对于同步反硝化,哪个回流比是合适的?	A 0.1～0.2	
		B 0.5～1.5	√
		C 1.5～2.5	
▲❋	63 污泥沉降比是什么污泥沉淀后的体积?	A 回流污泥	
		B 活性污泥沉淀 2 h 后	
		C 活性污泥沉淀 30 min 后	√
▲❋	64 活性污泥的干物质含量是指:	A 1 L 污泥的干重	√
		B 1 kg 活性污泥的重量	
		C 可沉物质的体积	

标识	问题	选项	答案
▲❋	65 SBR 工艺如何实现清水与污泥的分离？	A 通过反应池不同阶段的交替运行	√
		B 在二沉池	
		C 不需要分离	
▲❋	66 SBR 工艺在小型污水处理厂得以广泛应用的原因是：	A 可以不建造昂贵的二沉池	√
		B 与传统活性污泥法相比，所需要的供氧量更少	
		C 设施运行要求低	
▲❋	67 SBR 工艺的污泥可沉淀性如何？	A 没有沉淀性	
		B 比传统活性污泥法的污泥沉淀性差	
		C 比传统活性污泥法的污泥沉淀性好	√

这位污水处理厂厂长阿洛斯·麦耶先生
想知道，他是否可以在曝气池中游泳

图 1

5.9 合建构筑物

标识		问题	选项	答案
▲	1	在污水处理中，合建构筑物的意思是什么？	A 在一个构筑物中综合了多个不同功能的池体	√
			B 多个曝气池连接在一起	
			C 在曝气池内实现污泥稳定	
▲	2	最古老的合建构筑物是什么设施？	A 逆向流矩形池	
			B 多特蒙德池	
			C 埃姆舍尔池(英霍夫池)	√
▲	3	所谓的施罗布(Schreber,人名)污水处理设施包括什么？	A 初沉池、生物滤池、二沉池	
			B 初沉池、生物滤池、不加热的污泥厌氧消化池、二沉池	√
			C 初沉池、生物滤池、加热的污泥厌氧消化池、二沉池	
▲	4	埃姆舍尔池是什么样的设施？	A 在埃姆舍尔河边的水井	
			B 具有污泥厌氧发酵的沉淀池	√
			C 曝气池和二沉池的组合体	
▲	5	埃姆舍尔池是如何排放发酵后污泥的？	A 从排气井中用潜水泵排放	
			B 从尺子底部厌氧发酵斗中，借助水压力排放	√
			C 从沉淀池中抽吸排放	

标识		问题	选项	答案
▲	6	埃姆舍尔池的泥位到什么位置时,必须排泥?	A 水面下 1 m B 污泥缝下 1.5 m C 污泥缝下 0.5 m	 √
▲	7	埃姆舍尔池排泥后的残余污泥有什么作用?	A 保证温度不降低 B 作为厌氧发酵的接种污泥 C 为了不让污泥干化床超负荷	 √

5.10 自然污水处理设施

标识	问题	选项	答案
▲♣	1 没有人工曝气的氧化塘工艺属于哪类工艺?	A 人工生物处理工艺	
		B 自然生物处理工艺	√
		C 化学处理工艺	
▲♣	2 氧化塘特别适合应用于什么条件?	A 农村地区	√
		B 大型居住区的最终处理工艺	
		C 在房屋间距很小的情况下	
▲♣	3 氧化塘过小,会发生什么问题?	A 机械故障	
		B 有时出现的气味影响	√
		C 净化效果会降低(特别是在夏天)	
▲♣	4 氧化塘的作用是什么?	A 截留污水	
		B 污水入渗	
		C 污水净化	√
▲♣	5 氧化塘需要多长时间维护一次?	A 每周 3~4 次和每次降雨后	√
		B 每天	
		C 一个月 1 次	

标识	问题	选项	答案
▲♣	6 如果明显可以看到氧化塘进水中有污泥，应采取何种措施？	A 铲除堆积的污泥	
		B 停止氧化塘运行	
		C 及早采取清理措施	√
▲♣	7 在哪种情况下，氧化塘需要排泥？	A 冒气泡	
		B 1/3 的池容被污泥占满	√
		C 漂浮污泥发绿	
▲♣	8 多长时间应该测定一次氧化塘污泥深度？	A 每 3 个月	
		B 仅在秋天	
		C 每个月 1 次	√
▲♣	9 沉淀主要发生在氧化塘的哪个区域？	A 主要发生在第一个池体	√
		B 出水渠前附近	
		C 仅在第二个池体	
▲♣	10 在氧化塘的哪个区域会发生污泥发酵？	A 在出水渠	
		B 主要在第一个氧化塘	√
		C 仅在第二个氧化塘	
▲♣	11 设计良好的氧化塘在温暖季节通过什么作用净化污水？	A 机械和生物作用	√
		B 机械作用	
		C 机械和化学作用	
▲♣	12 氧化塘清泥的最佳时段是：	A 在 7 月，当阳光长时间照射时	

标识		问题	选项	答案
			B 在圣灵降临节前后[①]，因为此时是农作物利用污泥生长的最佳时段	
			C 10 月至 11 月，在此时段可以将清挖出的污泥施加在收割后的土地上	√
▲♣	13	在晴天，氧化塘会通过什么吸收较多的氧？	A 流进的污水	
			B 水生植物（如藻类）	√
			C 鱼，特别是鲤鱼	
▲♣	14	曝气氧化塘相比不曝气氧化塘的优点是什么？	A 不需要耗电	
			B 不需要维护	
			C 占地较少	√
▲♣	15	曝气氧化塘需要特别进行的自我监控工作是：	A 丝毫没有化验的需要	
			B 需要测定含氧量	√
			C 仅需要测定可沉物质	
▲♣	16	氧化塘需要配套建设格栅设施，原因是：	A 减少运行维护工作量和方便污泥利用	√
			B 为了栅渣的利用	
			C 减少污水处理厂污泥的肥效	

① 圣灵降临节被定于复活节后的第五十天。

5.11 小型污水处理设施

标识	问题	选项	答案
*	1 什么是小型污水处理设施的水力冲击负荷?	A 为达到希望的冲洗效果的负荷	
		B 因进水量增大而对生物处理设施的不利负荷影响	√
		C 没有意义	
*	2 冲击负荷对生物处理有什么影响(砂滤池、湿地)?	A 提高湿地的利用效果	
		B 净化效果变差	√
		C 导致后续湿地发生变化	
*	3 一个规模为4人的小型污水处理设施的进水管最小口径是多少?	A DN 100	
		B DN 150	√
		C DN 200	
*	4 哪类验收标准对于小型污水处理设施是必备的?	A 德国技术监督协会(TÜV)的标准	
		B 德国建造技术研究院标准(DIBt)	√
		C 建造者的验收及许可	
*	5 在小型生物处理设施之前,需设置什么设施?	A 沉淀池	√
		B 沉砂池	
		C 不需要,在曝气池内可以实现所有有机物的降解	

标识		问题	选项	答案
❋	6	在露营地是否允许建设小型污水处理设施?	A 不允许 B 允许,因为其污水与生活污水性质类似 C 允许,但是污水处理量规模不得超过 8 m^3/d	 √
❋	7	在什么情况下可以认定小型污水处理设施进入稳定运行?	A 只要第一次取样检测结果满足法定监测值 B 在设施进行生物接种后 C 在曝气池的污泥指数达到 80~150 mL/g 时	√
❋	8	小型生物处理设施的排泥频次为多少?	A 根据需要 B 一年一次 C 两年一次	√
❋	9	小型污水处理设施最大规模为多少?	A 15 人 B 50 人 C 150 人	 √
❋	10	哪一项是小型污水处理设施最低出水水质标准?	A COD≤150 mg/L, BOD_5≤40 mg/L B COD≤150 mg/L, BOD_5≤20 mg/L C COD≤100 mg/L, BOD_5≤20 mg/L	√

标识		问题	选项	答案
*	11	小型污水处理设施生物质的污泥沉降比测定的样品取自何处?	A 1号沉淀槽 B 2号沉淀槽 C 曝气池	 √
*	12	沉淀槽的污泥泥位测定有什么意义?	A 判定污泥是否会溢出 B 判定是否有足够量的生物体 C 判定是否服务范围的居民污水都收集到了,且没有污水直排情况	√
*	13	污泥沉降比测定样品应取自何处?	A 沉淀池 B 曝气池 C 储泥池	 √

6 污泥类型、产量、性质

6.1 污泥类型

标识	问题	选项	答案
▲	1 什么是初沉池污泥?	A 在初沉池前渠道沉淀的污泥	
		B 在污水处理厂二沉池出水前截留的污泥	
		C 在初沉池沉淀的污泥	√
▲	2 什么是初沉池污泥?	A 从初沉池每天排放的污泥	√
		B 在初沉池沉淀的粪便污泥	
		C 无效的活性污泥,其净化作用很小	
▲	3 什么是膨胀污泥?	A 消化池受到干扰在某些时候产生的泡沫	
		B 具有高污泥指数和丝状菌的活性污泥	√
		C 通过气浮设施收集的污泥	

标识	问题	选项	答案
▲	4 什么是厌氧稳定污泥?	A 硬度不够的污泥	
		B 在消化池经过良好消化的污泥	√
		C 经过长时间曝气、不再会腐败发臭的污泥	
▲	5 从消化池排放的污泥,称为什么污泥?	A 原污泥	
		B 污水处理厂污泥	√
		C 剩余污泥	
▲	6 什么是工业污水污泥?	A 通过化学沉析产生的污泥	
		B 机械处理产生的污泥	
		C 工业污水净化过程中产生的污泥	√
▲	7 什么是漂浮污泥?	A 在沉淀池和消化池内漂浮起来的污泥	√
		B 淹没于挡墙下悬浮的污泥	
		C 污水中漂浮物质的总称	
▲	8 从初沉池排放的污泥是什么污泥?	A 初沉池污泥	√
		B 活性污泥	
		C 剩余污泥	
▲	9 生物滤池污泥是什么污泥?	A 初沉池污泥,其与污水一并进入生物滤池	
		B 厌氧消化的生物滤池污泥	
		C 经二沉池收集的生物滤池填料上生长的生物膜	√

标识		问题	选项	答案
▲	10	回流污泥与曝气池污泥有什么不同?	A 前者有更高的干物质含量	√
			B 前者颜色更浅	
			C 前者有更高的灼烧减量	
▲	11	活性污泥法设施的哪种污泥与生物滤池冲洗出的污泥类似?	A 初沉池污泥	
			B 回流污泥	
			C 剩余污泥	√
▲	12	污泥厌氧稳定设施调试需要接种污泥,其可从哪里得到?	A 初沉池	
			B 相邻污水处理厂的消化池	√
			C 自己污水处理厂的曝气池	
▲※	13	什么是好氧稳定污泥?	A 尚不够坚硬的污泥	
			B 在消化池良好消化的污泥	
			C 经过长时间曝气、不再腐败发臭的污泥	√
▲※	14	什么是回流污泥?	A 从二沉池向曝气池泵送的污泥	√
			B 回流至污水处理厂的消化池消化液	
			C 污泥泵停运后回流到污泥泵吸水井的污泥	
▲※	15	什么是剩余污泥?	A 不被处置的污泥	
			B 由于污泥泵压力过大而喷洒在墙壁上的污泥	
			C 活性污泥法设施在污染物净化过程中不断产生和时不时要排放的污泥	√

标识	问题	选项	答案
▲❋	16 产生活性污泥的设施是哪个?	A 生物滤池	
		B 消化池	
		C 曝气池	√
▲❋	17 微生物絮体主要存在于哪种污泥中?	A 初沉污泥中	
		B 活性污泥中	√
		C 中和系统的污泥中	
▲❋	18 什么是粪便污泥?	A 由吸粪车从小型污水处理厂沉淀沟渠内抽取的污泥	√
		B 除油脂设施中排放的物质	
		C 粪便与原污泥的混合物	
▲❋	19 什么是原污泥?	A 没有经过处理的污泥	√
		B 没有加热处理的污泥	
		C 含有大块物质的污泥	
▲❋	20 什么是污水处理厂污泥?	A 在污水处理过程中产生且经过稳定化的污泥	√
		B 必须要处理的污泥	
		C 石灰污泥,投加的石灰是作为沉析药剂来改善净化效果的	

6.2 污泥产量

标识		问题	选项	答案
▲	1	按照单位人口计算，由初沉池排放的污泥量约为多少？	A 0.1 L/(人·d) B 1～2 L/(人·d) C 10 L/(人·d)	 √
▲	2	活性污泥设施经消化后污泥的干物质量计算值是多少？	A 15 g/(人·d) B 50 g/(人·d) C 75 g/(人·d)	 √
▲	3	污泥含水率从95%降至70%，污泥体积减小至：	A 1/10 B 1/6 C 1/2	 √
▲	4	污泥体积随干物质含量变化而变化，其计算公式是哪个？	A $V_2=TR_1/TR_2$ B $V_2=TR_1 \cdot V_1/TR_2$ C $V_2=TR_2/TR_1$	 √
▲*	5	机械-生化处理厂，经活性污泥工艺处理后，单位人口每天的产泥量为多少？	A 0.6～1 L/(人·d) B 1.5～2 L/(人·d) C 2.5～3 L/(人·d)	 √
▲*	6	生物滤池设施单位人口每天产泥量为多少？	A 0.2～0.3 L/(人·d) B 0.4～0.8 L/(人·d) C 1.0～1.5 L/(人·d)	 √

标识		问题	选项	答案
▲※	7	机械-生化处理设施单位人口原污泥干物质产量是多少？	A 15 g/(人·d) B 25 g/(人·d) C 70～80 g/(人·d)	√

6.3 污泥性质

标识	问题	选项	答案
▲	1 衡量污泥无机物含量的指标是哪个?	A 通过污泥筛网截留的无机物量	
		B 灼烧残留物量	√
		C 灼烧减量	
▲	2 污泥灼烧减量是什么意思?	A 污泥经灼烧后干物质量中有机部分的减少量	√
		B 污泥经灼烧后干物质的体积减少量	
		C 污泥灼烧需要的能源量	
▲	3 污泥灼烧减量可用于评价什么?	A 污泥的含水量	
		B 污泥厌氧消化的情况	√
		C 污泥指数定得是否合理	
▲	4 哪个指标用于衡量污泥的有机物含量?	A BOD_5	
		B 灼烧残留物量	
		C 灼烧减量	√
▲	5 污泥灼烧残留物量用于衡量什么?	A 两个污泥样品灼烧的时间间隔	
		B 干污泥经灼烧后的无机物含量	√
		C 污泥体积	

标识	问题	选项	答案
▲	6 污泥灼烧减量和灼烧残留物量二者之间用%表示是什么关系?	A 二者合计为100%	√
		B 二者之间的差值为100%	
		C 没有关系	
▲	7 哪种污泥有良好的脱水性?	A 黏稠状的	
		B 成块的	√
		C 坚硬的	
▲	8 含水率93%的污泥是哪种状态?	A 流动和可泵送的	√
		B 可涂抹状	
		C 成碎粒状	
▲	9 哪种污泥状态不再具有流动性?	A 浓缩后的原污泥	
		B 浓缩后的消化污泥	
		C 良好脱水的消化污泥	√
▲	10 哪种含水率的污泥可以采用离心泵泵送?	A 含水率大于90%	√
		B 含水率小于60%	
		C 含水率小于85%	
▲	11 经消化池良好消化的污泥,其干物质占比约多少?	A 0.5%～1.5%	
		B 2.5%～5%	√
		C 15%～20%	
▲	12 如果污泥的干物质含量增加一倍,其体积减小多少?	A 1/4	
		B 1/3	
		C 一半	√

标识	问题	选项	答案
▲	13 消化不好的污泥有什么特征?	A 颜色特别深 B 脱水性能不好,并发臭 C 闻起来特别新鲜	 √
▲	14 你的同事采集了若干污泥样品,但是样品容器上没有标签,其中一个闻上去有粪便物质的气味,这是什么污泥?	A 稳定化处理后的污泥 B 来自初沉池的污泥 C 来自曝气池的剩余污泥	 √
▲	15 来自初沉池的污泥一般是什么颜色?	A 浅绿色 B 深灰-黑色 C 黄-灰色	 √
▲	16 稳定化的剩余污泥是哪种颜色?	A 浅灰色 B 棕色 C 黑灰色	 √
▲	17 哪种污泥放在空气中,有特别不好的气味?	A 初沉池污泥 B 好氧稳定的剩余污泥 C 稳定化处理的污泥	√
▲	18 良好厌氧消化的污泥有什么气味?	A 粪臭味 B 臭鸡蛋味 C 霉土味	 √

标识		问题	选项	答案
▲	19	消化后的污泥正常pH值是哪一个?	A 7.1	√
			B 8.1	
			C 6.1	
▲❋	20	初沉池污泥的含水率一般为多少?	A 50%	
			B 80%	
			C 95%	√
▲❋	21	活性污泥的含水率一般为多少?	A 80%~90%	
			B 99%~99.7%	√
			C 99.9%	
▲❋	22	活性污泥的干物质含量一般是多少?	A 20~30 g/L	
			B 2~6 g/L	√
			C 8~14 g/L	
▲❋	23	生物滤池污泥有什么特征?	A 其一部分是经降解的有机物,大多情况下呈深棕色和絮状	√
			B 主要由大块物质构成,多呈灰色,且有不好的气味	
			C 含有较少的有机物,呈灰黑色,有腐臭味,黏稠状	
▲❋♣	24	哪种污泥是黑色的?	A 悬浮污泥	
			B 剩余污泥	
			C 稳定化处理的污泥	√

标识		问题	选项	答案
▲❋♣	25	良好厌氧消化的污泥是什么颜色?	A 棕色	
			B 浅灰色	
			C 深灰或黑色	√
▲❋♣	26	哪种污泥是棕色的?	A 原污泥(新鲜污泥)	
			B 活性污泥	√
			C 消化污泥	
▲❋♣	27	好氧稳定污泥的气味是什么样的?	A 没有气味	
			B 土味和霉味	√
			C 浓重的硫化氢和氨水味	
▲❋♣	28	原污泥一般是什么气味?	A 淡粪便味	√
			B 浓重的硫化氢味	
			C 焦油和芳香味	
▲❋♣	29	污泥的干物质含量是什么含义?	A 1 L污泥中沉淀固体物的体积	
			B 在一定体积污泥中含有的干物质量	√
			C 1 L污泥的重量	
▲❋♣	30	污泥含水率的含义是什么?	A 1 L污泥的重量	
			B 1 L沉淀污泥的上清液体积	
			C 一定污泥中的含水量	√

标识		问题	选项	答案
▲❄♣	31	哪个概念是指污泥干物质含量？	A 污泥水的蒸发量	
			B 干燥器中的干燥物	
			C 污泥中包含的、过滤后和干燥后的固体物质	√
▲❄♣	32	按照%计，污泥含水率和含固率是什么关系？	A 没有关系	
			B 二者合计 100%	√
			C 二者差值为 100%	

污泥上浮——污水处理厂厂长的烦恼！

图 1

7 污泥处理与处置

7.1 概要

标识		问题	选项	答案
▲	1	污泥处理的任务是哪一项？	A 提高污泥的活性	
			B 对污泥进行深加工和处理	√
			C 从污泥中提取原料和沼气	
▲	2	在污水净化过程中，必须包括污泥处理，目的是什么？	A 改善生物净化效果	
			B 提高污水处理的经济性	
			C 实现污泥稳定化	√
▲	3	哪个选项属于污泥处理？	A 厌氧消化、脱水	√
			B 泵送回流污泥	
			C 曝气池内的污泥测定	
▲	4	污泥稳定化[①]的目的是什么？	A 降低灼烧减量	√
			B 提取水分	
			C 增加土地利用的有机物质	

① 根据德国工业标准 DIN 4045 的定义，污泥稳定化是指减少污泥固体中气味物质、改善污泥脱水性能和减少污泥病原菌的处理过程。

标识	问题	选项	答案
▲	5 污泥所谓的“上清液”产生在哪里？	A 在污泥稳定化池中	
		B 在浓缩池中	√
		C 在消化池中	
▲	6 您在一个带有加热功能厌氧消化设施的污水处理厂工作，如果突然雨天污泥量比正常情况下多了，您该怎么办？	A 将一部分污泥排入水体	
		B 将一部分没有处理的污泥堆放在污泥堆场	
		C 像往常一样，通过热交换器将污泥送入消化池	√
▲	7 在污泥分离水的处理工艺中，第一个处理单元是什么？	A 干化设施	
		B 脱水设施	
		C 浓缩设施	√
▲	8 哪一个污泥处理流程是正确的？	A 干化—消化—焚烧	
		B 浓缩—稳定化处理—脱水	√
		C 脱水—巴氏消毒—焚烧	

7.2 浓缩

标识	问题	选项	答案
▲	1 原污泥浓缩的目的是什么?	A 污泥在投入消化池前,一般需要先收集起来	
		B 尽可能减少投入消化池的污泥量	√
		C 在向消化池投加前,保证必要的污泥预腐化时间	
▲	2 污泥浓缩是依据什么物理学原理进行的?	A 热力	
		B 压力	
		C 重力	√
▲	3 污泥浓缩过程中,水是借助什么分离的?	A 离心力	
		B 重力	√
		C 蒸发	
▲	4 浓缩池中的刮泥耙的作用是什么?	A 实现池内的水平流	
		B 收集污泥中的纤维物质	
		C 将更深层的水离析出来	√
▲	5 污泥在前浓缩池的停留时间是多少?	A 数分钟	
		B 数小时	√
		C 数星期	
▲	6 如果原污泥的含固率小于5%~6%,一般都要在进入消化池前进行浓缩,为什么?	A 可以使上清液在消化池进口处进行接种	
		B 稠污泥更容易用泵输送	
		C 减少进入消化池不必要的水分	√

标识		问题	选项	答案
▲	7	拟将一城市污水处理厂的污泥含水率从97%降低至94%，应采用什么方法？	A 干化 B 带式脱水 C 浓缩	 √
▲	8	好氧稳定污泥在脱水前，是否需要先浓缩？	A 不必要，否则会使污泥的脱水过程变差 B 必要，会改善污泥的脱水过程 C 因存在爆炸风险而被禁止	 √
▲	9	浓缩池内的阶梯排水管用于：	A 排出污泥中的水 B 控制浓缩池泥位 C 排放污泥	√

一个浓缩池/一个胖子①

图 1

① 德语中“一个浓缩池”的拼法与“一个胖子”相近。

7.3 消化与消化池

标识	问题	选项	答案
▲	1 污泥厌氧消化的目的是什么?	A 实现污泥的稳定化,并减少污泥有机物体积	√
		B 增加有机物含量	
		C 去除污泥中的有毒物质	
▲	2 为什么原污泥要在消化池进行发酵处理?	A 因为会改善污泥的脱水性能	√
		B 因为可以产生沼气用于供暖	
		C 可以使污泥颜色变深,闻起来有焦油的气味	
▲	3 污泥中的有机物在消化池转化成什么?	A 大部分随沼液排出	
		B 没有变化	
		C 大部分转化成沼气	√
▲	4 在什么样的构筑物内可以实现污泥厌氧稳定化?	A 在干化设施内	
		B 在加热或开放的消化池内	√
		C 在稳定化池内	
▲	5 实现污泥厌氧稳定化的构筑物称为什么?	A 污泥稳定化池	
		B 消化池	√
		C 曝气池	

标识		问题	选项	答案
▲	6	实现气味物质减少、快速发酵的微生物被称为什么？	A 原生动物 B 甲烷菌 C 藻类	 √
▲	7	甲烷菌属于哪个生物类别？	A 厌氧微生物 B 好氧微生物 C 原生动物	√
▲	8	哪种情况会使消化池中的微生物受到破坏？	A 有毒物质 B 频繁搅拌 C 污泥含水率过高	√
▲	9	污水处理厂所产生污泥中的什么物质具有发酵性能？	A 溶解性物质 B 有机物质 C 固体物质	 √
▲	10	污泥厌氧消化合适的 pH 值为多少？	A 6.0～9.0 B 7.0～7.5 C 6.5～6.8	 √
▲	11	哪种污泥稳定化过程除了产生二氧化碳外，还有硫化氢？	A 好氧稳定 B 厌氧稳定 C 化学稳定	 √
▲	12	加热（中温）厌氧消化时间为多少？	A 100～120 d B 60～90 d C 15～25 d	 √
▲	13	加热（中温）消化池原污泥每天的投加比最高是多少？	A 4%～6% B 10% C 20%	√

标识		问题	选项	答案
▲	14	加热消化池有机干物质量上限负荷一般是多少?	A 2.5 kg有机干物质/(m^3·d) B 6.5 kg有机干物质/(m^3·d) C 10 kg有机干物质/(m^3·d)	√(A)
▲	15	污泥在消化池内需要进行搅拌,目的是什么?	A 节省加热的能源 B 强化消化效果 C 避免消化池装备不被腐蚀	√(B)
▲	16	要保证有良好的消化过程,消化池内需要进行搅拌,哪种频度合适?	A 每天一次,一次一小时 B 每周数次 C 一天数小时	√(C)
▲	17	加热(中温)厌氧消化合适的温度是多少?	A 低于20 ℃ B 高于45 ℃ C 35～40 ℃	√(C)
▲	18	厌氧消化的污泥为什么要加热?	A 加热后的剩余蒸汽可被利用 B 加速厌氧消化反应过程 C 防止冬天消化池结冰	√(B)
▲	19	厌氧消化的污泥加热后,可以:	A 缩短消化时间,增加沼气产量 B 让产生的沼气在加热装置中燃烧 C 使消化池内的污泥变得更稀薄	√(A)

标识	问题	选项	答案
▲	20 当投加原污泥后，如何改善消化效果？	A 投加来自初沉池的污水	
		B 停止搅拌，让污泥静止	
		C 搅拌，让有“活性”的污泥与原污泥充分接种	√
▲	21 原污泥从初沉池排放后，在原污泥井内可以停留多长时间？	A 直到储气罐开始储气	
		B 大约 12 小时	
		C 应立刻投加到消化池或浓缩池中	√
▲	22 消化池产生的沼气可以根据哪一项推算？	A 在污水中溶解的气体量	
		B 厌氧消化过程的进展情况	√
		C 用于锅炉的沼气量	
▲	23 消化池沼气产量突然下降，可能是什么原因造成的？	A 有毒物质冲击	√
		B 消化污泥中的有机物轻度减少	
		C 搅拌强度过大	
▲	24 如果消化池沼气产量下降，首先应该做什么？	A 测定 pH 值和池内温度	√
		B 停运锅炉	
		C 向消化池加水	
▲	25 沼气中的 CO_2 含量占比一般为多少？	A 20%～25%	
		B 30%～35%	√
		C 40%～45%	
▲	26 沼气中的 CH_4 含量平均占比为多少？	A 30%	
		B 50%	
		C 70%	√

标识	问题	选项	答案
▲	27 加热(中温)消化池正常运行时的温度偏差允许为多少?	A 在任何情况下,均应保持25 ℃	
		B 按照季节不同,每天允许偏差为5～10 ℃	
		C 根据每周设定温度,最大偏差不得超过1 ℃	√
▲	28 哪一项会导致消化池运行“崩溃”?	A 极端峰值流量	
		B 构筑物基础勘察有误	
		C 消化池有机负荷过大	√
▲	29 “酸性发酵”是指什么?	A 投加酸污泥是必要的	
		B 在消化过程中产生有机酸	√
		C 在厌氧稳定,酸性环境是前提条件	
▲	30 消化池污泥中的有机酸过大会产生什么问题?	A 影响酸性发酵	
		B 影响碱性(甲烷)发酵	√
		C 影响好氧段	
▲	31 当您发现消化池污泥转向酸性发酵时,您应该采取什么措施?	A 放空消化池,重新启动	
		B 向消化池缓慢投加石灰进行中和,直到运行恢复正常	√
		C 个别时间转为酸性发酵是正常的,无须采取措施	

标识		问题	选项	答案
▲	32	消化池的泡沫可能是由什么引起的?	A 消化污泥排放量过小	
			B 原污泥投加量过大,特别是当原污泥中有机物含量较大时	√
			C 桨叶搅拌器运行强度过大	
▲	33	在消化池中应出现浮渣盖吗?	A 是,可以防止冰冻	
			B 不,这样的话会损失消化池的有效容积	√
			C 是,可以防止沼气外泄	
▲	34	如何消除消化池的浮渣盖?	A 通过消化池漏斗顶部	
			B 在消化池中部	
			C 通过消化池上部的排渣口	√
▲	35	必须要消除消化池浮渣盖吗?	A 不必要,其有助于消化池池面保持静止	
			B 必须,其会影响消化池运行和占据有效池容	√
			C 不必要,当浮渣盖变厚和变重后,会给污泥施压,从而改善污泥脱水性能	
▲	36	每天将干物质含量为3.5%的污泥从中温消化池回流到污水处理厂进水中,合适吗?	A 正确,初沉池的新鲜污泥已经进行了有效接种	
			B 非常不合适,一是会增加原污泥量,二是会增加污泥加热成本,三是会增加生物处理的有机负荷	√

标识		问题	选项	答案
			C 合理，会大大减少消化污泥的产量	
▲	37	如果消化池顶部堵塞了，您首先该怎么做？	A 用高压水冲洗 B 注入高压空气 C 立刻放空消化池	√

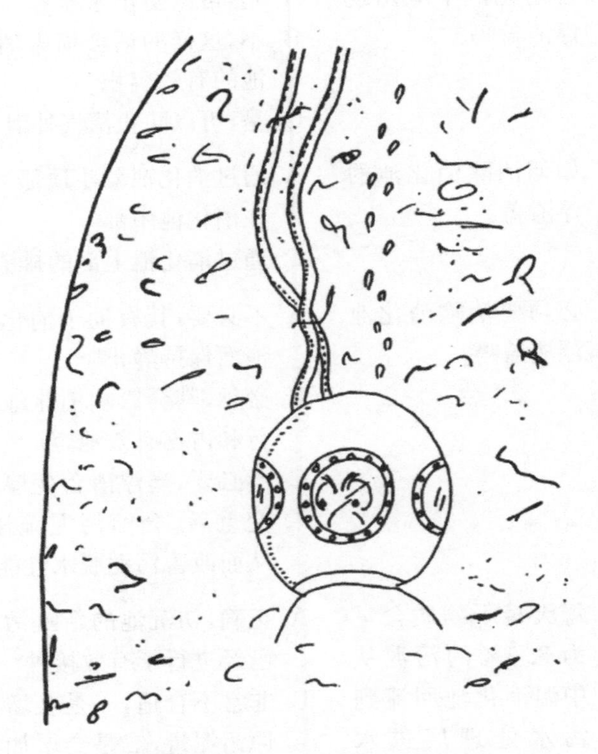

在消化池中——我这是要去哪里？

图1

7.4 污泥好氧稳定

标识	问题	选项	答案
▲❄	1 在污泥稳定池内,进行什么处理?	A 在池内浓缩 B 在池内干化 C 在池内进行曝气	 √
▲❄	2 怎么让污泥好氧稳定?	A 进行曝气 B 抽排水分 C 冷冻干燥	√
▲❄	3 在污水净化过程的同时进行污泥不腐败的处理,这个工艺称为什么?	A 接触处理工艺 B 好氧污泥稳定处理工艺 C 污泥淘洗处理工艺	 √
▲❄	4 污泥好氧稳定工艺的特征之一是什么?	A 泥性调理 B 长时间曝气 C 预曝气	 √
▲❄♣	5 污泥好氧稳定在污水处理技术中的作用是什么?	A 将流态污泥转变成固态 B 改善污泥的地基承载力 C 降低污泥腐败的可能性	 √
▲❄♣	6 污泥好氧稳定的意义是什么?	A 让新鲜污泥得以浓缩 B 避免运行事故发生 C 在曝气作用下,避免污泥腐败	 √

标识		问题	选项	答案
▲※♣	7	好氧污泥稳定的曝气设施作用是什么?	A 让污泥保持持续的运动，避免产生絮体	
			B 向污泥中提供氧气	√
			C 使污泥上浮	
▲※♣	8	污泥好氧稳定的前提是供氧，其目的是什么?	A 保证微生物的活性	√
			B 分离污泥中的水分	
			C 让污泥接下来能够酸化	

7.5 污泥脱水

标识	问题	选项	答案
▲	1 污泥干化床的首要任务是什么?	A 浓缩 B 脱水 C 用于污泥的多年堆放	 √
▲	2 当在污泥干化床上发现水时,您需要做什么?	A 等待,直到水分蒸发 B 尝试将水排出 C 继续向干化床输送污泥	 √
▲	3 应将从污泥干化床排出来的污泥上清水排放到哪里?	A 污水处理厂出水中 B 水体中 C 污水处理厂进水中	 √
▲	4 借助太阳能干化后的污泥特征是什么?	A 糊状的 B 有一定硬度 C 灰粉状	 √
▲	5 利用太阳能干化污泥的干化床,污泥层厚度应为多少?	A 20～30 cm B 40～50 cm C 50～60 cm	√
▲	6 哪种降低污泥中水分的处理方法最昂贵?	A 浓缩 B 脱水 C 干化	 √

标识		问题	选项	答案
▲	7	哪种污泥脱水时几乎没有气味?	A 原污泥	
			B 粪便污泥	
			C 消化后的污泥	√
▲	8	污泥调理的作用是什么?	A 让污泥可以持久保存	
			B 改善污泥的脱水性能	√
			C 提高污泥与水结合的能力	
▲	9	哪种情况需要通过投加絮凝剂来改善污泥的脱水性能?	A 机械脱水	√
			B 干化后的污泥	
			C 粪便污泥	
▲	10	采用带式压滤脱水设备时,如何保持污泥的脱水效能?	A 投加絮凝剂	√
			B 不用投加药剂	
			C 首先要对污泥进行中和	
▲	11	污泥机械脱水产生的滤液应该排到哪里?	A 曝气池出水中	
			B 水体中	
			C 污水处理厂进水中	√
▲	12	污泥经机械脱水后,可以达到什么目的?	A 不会再有气味	
			B 减少农业利用时所需要的面积	
			C 减少污泥运输成本	√
▲	13	哪一设备可以进行污泥机械脱水?	A 带有刮泥机的浓缩池	
			B 好氧发酵	
			C 离心脱水机	√

标识	问题	选项	答案
▲	14 哪一种污泥机械脱水设备，可以实现最高的干物质含量？	A 带式脱水机	
		B 板框压滤机	√
		C 离心脱水机	
▲	15 采用离心脱水机时，污泥水（离心液）是借助什么分离的？	A 压力差	
		B 利用重力原理	√
		C 蒸发	
▲	16 哪种污泥最好脱水？	A 漂浮污泥	
		B 来自活性污泥处理设施的剩余污泥	
		C 良好厌氧消化过的污泥	√

7.6 污泥储存和利用

标识	问题	选项	答案
▲	1 用于污泥储存的污泥储仓适合于哪种污泥?	A 原污泥	
		B 稳定化处理后污泥	√
		C 活性污泥	
▲	2 污泥料仓是什么样的构筑物?	A 泥饼的主要组成部分	
		B 污泥干化床	
		C 用于储存浓缩污泥,特别是主要用于临时储存稳定化处理后污泥的仓体式构筑物	√
▲	3 稳定化处理后污泥经机械脱水后,肥效会降低吗?	A 不会,因为絮凝药剂含有微量元素	
		B 是的,因为溶解性氮更多是在污泥水中的	√
		C 仅仅在污泥干物质含量不足时	
▲	4 哪个污泥处置方式是法律允许的?	A 干化后污泥焚烧	√
		B 与处理后的污水混合	
		C 填埋场湿污泥填埋	
▲	5 在什么情况下,稳定化处理后的污泥可以用于农业?	A 没有金属加工企业污水进入	√
		B 污泥不完全是黑色时	
		C 啤酒和面包企业污水污泥普遍用于农业	

标识		问题	选项	答案
▲	6	稳定化处理后污泥有时不能够农业利用，是因为什么含量太高了？	A 含水量 B 重金属含量 C 石灰含量	 √
▲♣	7	是否有关于污水处理厂稳定化处理后污泥用于农业的法规？	A 有，垃圾-污泥条例 B 没有 C 有，污水处理费法	√
▲♣	8	在稳定化处理后污泥第一次用于农业时，需要对什么做测定分析？	A 仅对土壤 B 仅对稳定化处理后的污泥 C 土壤和污泥	 √
▲♣	9	厌氧消化和浓缩后的污泥，含固率为10%，其在土地使用量为50 m^3/ha，请问下一次施用的间隔时间为多长？	A 1年 B 2年 C 5年	 √
▲♣	10	上一年在100 m^3/ha土地上施用了含固率5%的厌氧消化后污泥，请问下一年还允许再施用吗？	A 允许，这样农作物收成会变得平均 B 不允许，否则进入土地的干物质量太多 C 可以，只要农业部门允许	 √

标识		问题	选项	答案
▲♣	11	稳定化处理后的污泥是否一年四季都可以在农田上施用?	A 是的,只要污泥用石灰处理过就行	
			B 不可以	√
			C 是的,但必须是来自活性污泥法工艺处理设施的污泥	
▲♣	12	每一个生活污水处理厂的稳定化污泥都能用于农业吗?	A 是的,只要这种污水处理厂的污泥满足污泥法规要求	√
			B 不,只有好氧稳定的污泥才行	
			C 不,只有厌氧稳定的污泥才行	
▲♣	13	稳定化处理后的污泥农业利用执行什么法规?	A 肥料和垃圾污泥规定	√
			B 污水处理系统所在地的法规	
			C 污水处理厂运行指导方针	
▲♣	14	稳定化处理的污泥农业利用要满足污泥规定限值时,在什么土地上允许撒播?	A 常绿林地	
			B 所有农业用地	
			C 耕地,在满足其土壤限值规定时	√
▲♣	15	哪一种稳定化污泥的农业利用最适用于小型污水处理厂?	A 稳定化污泥浓缩后的湿式撒播	√
			B 离心脱水污泥播撒	
			C 撒播干化的污泥	

标识		问题	选项	答案
▲♣	16	农业利用的稳定化污泥测定分析的时间间隔最多是多长?	A 一个月 B 一个季度 C 半年	 √
▲♣	17	稳定化处理后的污泥,在农业利用前需要由具有公信力的实验室进行测定吗?	A 不需要 B 仅做一次,由污水处理厂进行 C 需要,按照规定的时间周期进行	 √
▲♣	18	施用于农田的污泥量受限于何种因素?	A 重金属含量 B 固体物重量 C 有机物质含量	 √
▲♣	19	稳定化处理后的污泥可以在常绿林和森林中撒播吗?	A 可以,但是只能在春季 B 不可以 C 可以,但是必须没有流行病风险	 √
▲♣	20	稳定化处理后的污泥用于农业的供货单的作用是什么?	A 作为每个月污泥消化处理的证明 B 作为向某确定耕地提供稳定化处理后污泥的证明 C 作为污泥销售收入的证明	 √

标识		问题	选项	答案
▲♣	21	规模大于1 000当量人口的污水处理厂,每次提供稳定化处理污泥,都要有供货单吗?	A 是的,但是也仅是农民方愿意	
			B 是的	√
			C 不用,但如果是在另一块土地上使用,则需要	
▲♣	22	农业利用是否每年必须制定田地索引表?	A 需要,但只是在污泥组分发生变化时	
			B 不需要	√
			C 是的,但只是在农民有这个要求时	
▲♣	23	田地索引表在农业利用时的主要作用是什么?	A 用于确认某一利用稳定化处理后污泥耕地可以施用的干物质量	√
			B 用于分析板框压滤机运行负荷	
			C 为污水处理厂监管人员提供参考资料	
▲♣	24	什么是液态肥料撒播器?	A 污水处理厂人员在农田撒播污泥	
			B 用于污泥输送的泵	
			C 在耕地上撒播污泥的装置	√

7.7 沼气利用

标识	问题	选项	答案
▲	1 与消化池分离的贮气罐的作用是什么？	A 用于加大消化池污泥泥位的变化幅度	
		B 用于平衡沼气产量	√
		C 当沼气量不足时，用于混合输入城市煤气	
▲	2 经常使用的沼气储罐是哪种建筑类型？	A 高压储气罐	
		B 由若干层织物制成的气囊容器	
		C 低压储气罐	√
▲	3 为什么多余的沼气必须由沼气火炬燃烧掉？	A 因为看上去很好看	
		B 防止消化池结冰	
		C 防止沼气外泄和污染	√
▲	4 当沼气消耗量小于产生量时，首先需要启动哪种装置？	A 沼气储罐的过压保护阀	
		B 消化池的过压保护阀	
		C 沼气火炬	√
▲	5 沼气火炬是怎样点燃的？	A 由污水处理厂运行人员用火点燃	
		B 采用手动点火器	
		C 采用自动点火器	√

标识		问题	选项	答案
▲	6	中温消化池的单位沼气产量一般为多少?	A 5～10 L/(人·d)	
			B 15～25 L/(人·d)	√
			C 40～60 L/(人·d)	
▲	7	定期检查中温消化池水接收器水封这项安全技术工作要注意什么?	A 合适的充满度和冷凝水的排放情况	√
			B 排放的冷凝水的颜色	
			C 排放的冷凝水的气味	
▲	8	出于防冻考虑,沼气测量室的进气、排气装置可以关闭吗?	A 可以,只要之前做过检查,确认没有沼气进入	
			B 不可以,进气和排气装置要始终处于运行状态	√
			C 如果没有加热设备,允许其在冬天关闭	

8 机械设备

8.1 概要

标识	问题	选项	答案
1	维护间隔是指什么?	A 对设备和机械定期维护工作的时间间隔	√
		B 污水处理厂定期重复出现故障的时间间隔	
		C 每一次工资结算的时间间隔	
2	什么时候必须给轴承加润滑油?	A 在其发热的时候	
		B 在其有噪声的时候	
		C 按照一定的时间间隔	√
3	在一台新的机械设备投入运行之前,您该做什么?	A 检查电源插头的尺寸	
		B 认真阅读使用说明书	√
		C 准备好灭火器和急救药箱	
4	滚珠轴承属于什么轴承类别?	A 滚动轴承	√
		B 滑动轴承	
		C 材料仓库	

标识	问题	选项	答案
5	您正要更换一个轴的滚珠轴承，怎样把新轴承安装上去?	A 使用物品轻轻敲击外套环	
		B 使用锤子尖敲击内套环	
		C 敲击安装在内套环上的轴套	√
6	哪个选项表示三角皮带张紧度是合适的?	A 皮带纵向可以容易地扭转360°	
		B 在两个皮带轮间的皮带中部用力压皮带时，皮带不会被压下去	
		C 皮带纵向可以容易地扭转90°	√
7	三角皮带磨损很严重，您首先应做何种检查，以判断是否磨损了?	A 检查皮带的张紧度	√
		B 检查皮带温度是否太低	
		C 检查驱动轴承是否做过润滑	
8	吊车抓斗的钢丝绳多股出现断裂，您该怎么办?	A 没有关系，减少起吊重量后可继续使用	
		B 更换钢丝绳	√
		C 用绝缘胶带缠绕受损部位，这样可以防止人员受伤	
9	哪一种联轴器可同时防止驱动装置过载?	A 弹性联轴器	
		B 万向节联轴器	
		C 剪切销联轴器	√

标识	问题	选项	答案
10	如何检查电机的润滑情况？	A 通过压力监测器	√
		B 通过功率监测器	
		C 通过转数监测器	
11	润滑油除了可以减少高速运转装置磨损外，还有什么作用？	A 散热	√
		B 隔绝空气	
		C 隔绝水	
12	如何保证脂润滑持续有效？	A 每周润滑一次	
		B 同步加润滑油	√
		C 使用长效润滑油	

8.2 水泵

标识	问题	选项	答案
1	水泵的效率是什么意思？	A 有效功率与输入功率之比	√
		B 扬程	
		C 输入功率 kW	
2	在水泵检修时，如何预防事故发生？	A 切断电源，并避免检修期间合闸	√
		B 关闭污水处理厂总电闸	
		C 只关闭故障电流保护开关	
3	如果在叶轮和泵壳间有纤维物质被卡住，会发生什么问题？	A 电线会急剧发热	
		B 额外增加的摩擦力会使电机过载	√
		C 这种情况不会发生	
4	水泵运行通常是很安静的，如果水泵壳内突然发出“咯咯”的声音，可能是什么原因？	A 吸水管堵塞了	√
		B 出水管堵塞了	
		C 填料盒脱落了	
5	导致水泵在运行时经常发出噪声的原因是什么？	A 吸水井水位过高	
		B 叶轮被长条物缠绕住了	√
		C 密封处松动了	

标识		问题	选项	答案
	6	一般情况下，如何判断水泵电机过载了？	A 润滑油（油脂）消耗量过大	
			B 根据止回阀位置判定	
			C 根据电流表判断	√
▲	7	污泥泵最好采用什么形式的叶轮？	A 单叶轮	√
			B 螺旋形	
			C 桨叶形	
▲	8	敞开式的螺旋泵与离心泵相比有什么优点？	A 占地小	
			B 扬程高	
			C 故障少	√
▲	9	偏心螺杆泵与离心泵相比有什么优点？	A 输送流量恒定，不受背压变化的影响	√
			B 绝对不会发生堵塞	
			C 污泥含沙量较高时，磨损也很小	
▲	10	空气提升泵是什么？	A 一种利用压缩空气的提升装置	
			B 柱塞泵	
			C 大型离心泵	
▲	11	偏心螺杆泵首次使用时，需要采取什么措施？	A 为了让吸水管很好工作，首先要关闭出水管闸门	
			B 首先需要泵体内充满水	√
			C 没有特别要求，其拥有自吸功能	

标识		问题	选项	答案
▲○	12	哪种水泵叶轮容易被堵塞?	A 单通道叶轮 B 多通道叶轮 C 双通道叶轮	 √
▲○	13	离心泵在什么时候产生的压力最大?	A 自由出流时 B 闸门关闭时 C 在正常运行工况时	 √
▲○	14	离心泵在什么时候,输出流量最大?	A 自由出流时 B 闸门关闭时 C 在正常运行工况时	√
▲○	15	离心泵在什么情况下,输出功率最大?	A 自由出流时 B 闸门关闭时 C 在正常运行工况时	√
▲○	16	涡流泵与什么泵有相同的性能?	A 离心泵 B 偏心螺杆泵 C 柱塞泵	√
▲○	17	离心泵的单通道叶轮与多通道叶轮相比有什么优点?	A 防堵塞性能好 B 噪声小 C 效率下降约 20%	√
▲○	18	水泵的哪个部位磨损最严重?	A 滑动轴承 B 叶轮 C 密封填料	 √
▲○	19	如果离心泵干运行的密封套筒温度过高,您该怎么办?	A 松开密封填料盒盖,直至出现少许水滴 B 拧紧密封盒盖 C 检查转动叶轮是否堵塞	√

标识		问题	选项	答案
▲○	20	密封填料的作用是什么？	A 支撑轴承	
			B 泵轴密封	√
			C 减少清洁的工作量	
▲○	21	密封填料压盖的作用是什么？	A 安装辅助材料	
			B 压紧填料盒	√
			C 观察轴套	
▲○	22	离心泵采用水密封，其水源来自哪里？	A 直接与自来水管网接通	
			B 通过软管与自来水管接通	
			C 与和公共给水系统完全分离的生产用水管接通	√
▲○	23	离心泵的轴套起什么作用？	A 保护填料密封壳	
			B 冲洗水分配	
			C 保护泵轴	√
▲○	24	水泵的机械密封作用是什么？	A 作为泵轴的轴承	
			B 泵室密封	√
			C 支撑轴向推力	
▲○	25	如何识别潜水泵的机械密封失效了？	A 水泵运行时有噪声产生	
			B 出流量较先前降低	
			C 中间腔室的油发生乳化，也就是说有水渗入	√
▲○	26	带配重的止回阀是否允许为清洗吸水管或排气目的而被抬高？	A 可以使用铁撬杠	
			B 可以在水泵运行时，用手抬高	
			C 不允许	√

标识		问题	选项	答案
▲○	27	水泵电流表抖动很厉害,是什么原因造成的?	A 驱动电机线圈被烧穿	
			B 止回阀卡于半开启位置	
			C 水泵吸入了空气	√
▲○♣	28	如何重新密封包装一台水泵?	A 在不紧密的包装里,把上面的密封环去掉,用一个新的替换,再把密封填料压盖收紧,直到完全密封	
			B 去掉两根包装环,重新更换,拉紧收缩环,但确保水滴仍可以出现	
			C 把泵的外包装全部去除,包括止回环,重新整体包装,只需要轻拉收紧,确保仍能出现水滴就可以	√
▲○♣	29	如果在潜水泵油室密封的上部发现有水,应该怎么办?	A 没有关系	
			B 只将油重新更换就行	
			C 更换密封填料,并重新注满油	√
▲○♣	30	使用气动开关设备时,显示装置上没有水深显示,该怎么办?	A 剪断毛细管	
			B 打开传感器钟罩,检查毛细管	√
			C 钻一个孔眼,并注入空气	

标识		问题	选项	答案
▲○♣	31	哪个参数对离心泵的效率尤为关键?	A 叶轮的叶片数	√
			B 叶轮的转数	
			C 叶轮的直径	
▲○♣	32	扬程的地理测量是指?	A 测量液位的高差	√
			B 管路的压头损失	
			C 在水泵运行时测得的提升高度	
▲○♣	33	扬程的压力水头测量是指?	A 在水泵运行时测得的提升高度	√
			B 管路损失	
			C 测量液位的高差	
▲○♣	34	输送污泥和水的离心泵的叶轮有什么区别?	A 外径不同	
			B 叶片数量和通道直径不同	√
			C 叶轮的强度不同	
▲○♣	35	单叶轮泵离心泵的优点是什么?	A 防堵塞性能好	√
			B 功耗少	
			C 运转噪声小	

螺旋泵

图 1

① 德语中的“蜗牛”与“螺旋”是同一个单词。

8.3 压力装备与曝气设备

标识	问题	选项	答案
▲	1 在污水处理厂空气压缩机常用于：	A 给曝气池曝气 B 用空气提升器输送砂子 C 解决消化池顶端堵塞问题	 √
▲	2 涡轮鼓风机的机壳是用什么材料制成的?	A 铸铁 B 人工合成材料 C 薄铁皮	√
▲	3 空气是从涡轮鼓风机的哪个方向吸入的?	A 水平方向 B 轴向方向 C 径向方向	 √
▲	4 鼓风机的压缩空气特征是什么?	A 产生小流量、高压力的空气 B 产生较大流量、低压力的空气 C 产生很大流量、很低压力的空气	 √
▲	5 压缩机的压缩空气特征是什么?	A 产生小流量、高压力的空气 B 产生较大流量、低压力的空气 C 产生很大流量、很低压力的空气	√

标识		问题	选项	答案
▲	6	空气压缩机要多长时间排空油、凝结水分离器?	A 按照生产厂商提供的说明书定期进行	√
			B 每年1次	
			C 每个月1次	
▲	7	多长时间需要更换空气压缩机润滑油?	A 按照生产厂商提供的说明书定期进行	√
			B 当油的颜色和气味发生变化时	
			C 当设备发出不正常的噪声时	
▲	8	空气通过哪种装置产生微气泡并注入水中?	A 空气排气扇	
			B 曝气头	√
			C 曝气管	
▲	9	什么是表面曝气器?	A 一种在水的表面、让水喷溅来将氧气溶进水中的装备	√
			B 一种采用空气冷却的电机	
			C 一种用于冷却发热机械的空气通风装置	

8.4 刮泥设备

标识		问题	选项	答案
▲♣	1	为什么二沉池/沉淀塘的出水渠要保持洁净?	A 不给访问者留下不好的印象	
			B 否则会导致藻类生长,使出水水质变差	√
			C 敷设的瓷砖会损坏	
▲	2	污水处理厂的刮泥机的作用是什么?	A 清除排水管道中的污泥	
			B 在池底搅拌和浓缩污泥	
			C 将池底污泥输送到污泥斗	√
▲	3	哪种刮泥机适用于矩形沉淀池?	A 圆形刮泥机	
			B 链条式刮泥机	√
			C 耙式刮泥机	
▲	4	刮泥机的行进速度为多少?	A 30 cm/s	
			B 3 cm/s	√
			C 0.3 cm/s	
▲	5	矩形沉淀池刮泥机运行到泥斗端后,为什么要提升起来,再回退回来?	A 避免腐蚀	
			B 减少能量消耗	
			C 避免将污泥再度翻起来	√
▲	6	圆形刮泥机的刮板多长时间需要进行检修?	A 一般大约2~3年	√
			B 不需要,其可以持续运行	
			C 一个月1次	

标识		问题	选项	答案
▲	7	沉淀池中的浸水挡墙深度过大会导致什么问题?	A 会有更多的悬浮物质被截留 B 无须经常刮除悬浮污泥 C 会存在严重的向上流和导致污泥溢出	 √
▲	8	漂浮污泥刮板的作用是什么?	A 收集来自污水中的悬浮污泥 B 加大污水在沉淀池中的停留时间 C 增强污水混合效果	√
▲	9	刮泥机上的红色事故按钮是必要的吗?	A 是的,可以在存在风险时紧急停止刮泥机运行 B 一般情况下可以取消 C 是一个不必要的规定	√

机械刮泥过程

图 1

8.5 加热设备

标识		问题	选项	答案
▲	1	产生于消化池的沼气在(沼气锅炉)燃烧时,火焰的正常颜色是什么样的?	A 黄色,带有红色火焰尖	
			B 浅黄色	
			C 蓝色,带有黄色火焰尖	√
▲	2	哪种沼气燃烧的火焰颜色表明消化池消化出现了酸化问题?	A 浅黄色	√
			B 蓝色	
			C 红色	
▲	3	厌氧消化罐的沼气锅炉应该(24 h)自动控制运行,因此短时间关闭也是可以的,为什么?	A 保证消化罐温度尽可能稳定	√
			B 避免炉膛温度过高	
			C 避免换热器的热负荷过大	
▲	4	沼气锅炉首次循环的回流温度保持不低于60 ℃,这是为了:	A 保证膨胀箱的管道在冬天不会结冰	
			B 避免沼气锅炉因因露产生腐蚀	√
			C 加热参与燃烧的空气	
▲	5	专业部门多长时间须对消化池的燃油、燃气锅炉进行一次测定?	A 一年至少1次	√
			B 一年至少2次	
			C 每月1次	

标识		问题	选项	答案
▲	6	允许锅炉的进风、排风口在冬天关闭吗?	A 不允许,其必须始终保持有效状态	√
			B 可以,当用于焚烧的沼气足够时	
			C 可以,但仅在特别大的霜冻情况下	
▲	7	燃油锅炉室外燃油储仓的电器装置需要配置紧急断电开关吗?	A 仅大型设施是需要的	
			B 这是基本要求,避免电路系统出现危险状况	√
			C 可根据情况不同区别处理	
▲	8	甲烷和空气混合会有什么风险?	A 没有	
			B 爆炸	√
			C 产生气味	
▲	9	沼气是有气味的气体吗?	A 没有,除非混有硫化氢和少量其他有气味的气体	√
			B 没有,除非二氧化碳的含量高于甲烷的含量	
			C 有,始终是有气味的	
▲	10	沼气比空气轻还是重?	A 当甲烷含量超过 70% 左右时,比空气轻;当二氧化碳含量比甲烷多时,比空气重	√
			B 比空气轻	
			C 比空气重	

标识		问题	选项	答案
▲	11	沼气管道可以采用耐冲击的 PVC 管吗?	A 可以,但是需要提高其抗冲击性	√
			B 不可以,只能采用不锈钢管	
			C 不可以,仅可以采用特殊的合成材料管	
▲	12	锅炉门必须是阻燃的,而且必须处于什么状态?	A 可以自动关闭	√
			B 始终是关闭的	
			C 涂刷红色涂料	

8.6 管件和管材

标识	问题	选项	答案
	1 以下哪个管件的密封性最高?	A 闸阀	
		B 球阀	√
		C 止回阀	
	2 以下哪个管件的密封性最差?	A 闸阀	√
		B 球阀	
		C 阀门	
	3 闸阀在试运行时,应该有规律地一段一段开启,是为了什么?	A 为了闸门有良好的滑动性,以保证正常运行	√
		B 为了让闸杆得到良好的润滑	
		C 为了让闸门板上积累的杂物被去除掉	
	4 在管件(如阀门和止回阀)上的箭头是什么意思?	A 表示水流方向	√
		B 表示该管件适用于液体,但不适用于气体	
		C 表示阀门关闭的方向	
	5 管道补偿器的作用是什么?	A 起管道长度补偿的作用	√
		B 输送流量的调节	
		C 用于视觉上的分离	

标识		问题	选项	答案
	6	螺纹连接的弹簧垫圈的作用是什么？	A 解决连接件不光滑不平整的问题	
			B 防止螺纹连接因动态应力而松动	√
			C 改善螺母的连接	
▲	7	消化池进泥管上相邻安装有2个闸阀，哪个是用于操作闸阀的？	A 外面的（距消化池远的）	√
			B 里面的（距消化池近的）	
			C 两个都是	
▲	8	为什么在靠近消化池的管路上要相邻安装2个闸阀？	A 当管道堵塞时，第二个闸门顶部可以拆下，然后装上净化装置	
			B 两个闸门可以保证污泥不会从消化池中泄漏出来（双保险）	
			C 靠近消化池的闸门纯粹是备用安全闸门，第二个是用来运行操作的	√
▲	9	沼气管路应该涂刷什么颜色？	A 亮绿色	
			B 黄色	√
			C 信号灯般的红色	
▲	10	怎么检查沼气管路的密封性？	A 触摸和嗅闻	
			B 沿着管路用明火照烤	
			C 涂抹肥皂水	√

标识		问题	选项	答案
▲	11	沼气管路防止回火的装置是什么？	A 排气阀 B 水、砂密封 C 消化池顶部的水槽	 √
▲○	12	电动闸门的电机是通过什么判断闸板已到达终点位置的？	A 电流过载断路器 B 摩擦离合器 C 压力（扭矩）开关	 √
▲○	13	通过水位控制的电动闸阀，如果控制失灵该怎么办？	A 耐心等候，希望它会自动恢复正常 B 关闭自动控制，启用手动操作 C 联系主管部门，进行咨询	 √
▲○	14	一般止回阀安装在压力管路什么位置？	A 压力管路的水平位置 B 压力管路的垂直位置 C 弯头的前面	√
▲○	15	止回阀配重在什么位置对于流体有最大的阻力？	A 在杠杆臂中部位置时 B 在泵壳前面时 C 在杠杆臂末端后方时	 √
▲○	16	如果水泵压力管路上的止回阀在关闭水泵时出现剧烈的抖动，该首先采取什么措施？	A 尽可能将配重推向操纵杆末端，并考虑将其更换为重型配重 B 完全去掉配重 C 尽可能将配重推向杠杆支点	√

未来的储量往往是充足的！

图 1

8.7 内燃机

标识	问题	选项	答案
▲	1 哪个选项对应内燃机?	A 电动机,其因能将人烧伤而得名	
		B 燃油电机	
		C 靠燃烧燃料驱动的发动机	√
▲	2 内燃机是什么发动机?	A 燃气发动机	√
		B 三相交流电机	
		C 非防爆电机	
▲	3 以下哪个不是内燃机?	A 燃气发动机	
		B 柴油发动机	
		C 电动机	√
▲	4 纯燃气发动机的工作原理是哪一种?	A 奥托发动机工作原理	√
		B 柴油发动机的工作原理	
		C 可互换操作形式的机器	

9 电气设备

标识	问题	选项	答案
1	哪个功率对应 1 MW?	A 1 000 W	
		B 1 000 kW	√
		C 1 000 000 kW	
2	哪个功率对应 1 kW?	A 100 W	
		B 1 000 W	√
		C 10 000 W	
3	安培表是测量什么参数的仪器?	A 功率	
		B 电流	√
		C 电阻	
4	瓦特表是测量什么参数的仪器?	A 功率	√
		B 电阻	
		C 电流	
5	以下哪种是良好的导电体?	A 金属	√
		B 浇筑树脂	
		C 陶瓷链条	

标识	问题	选项	答案
6	电动机的作用是哪一项?	A 将电能转换为机械能	√
		B 将机械能转换为电能	
		C 只是消耗能源,没有转化	
7	如何辨识电动机过载?	A 润滑油和油脂的消耗量过大	
		B 查看止回阀的状态	
		C 查看安培表电流情况	√
8	对于远程遥控的设备,如何避免未授权的操作?	A 制定运行和控制保护措施,防止重接,并悬挂“禁止操作”的挂牌	√
		B 工作机械的安全卡扣	
		C 管理部门的书面通知	
9	电动机铭牌功率的含义是什么?	A 最大扭矩	
		B 电动机的有功功率 kW	√
		C 电动机轴的输出功率 kW	
10	一个电动机的铭牌上标注了:12 A,其含义是什么?	A 电动机阻力	
		B 电流类型	
		C 需要的额定电流	√
11	一个电动机铭牌上标识IP43,其含义是什么?	A 防触碰、防异物侵入和防水的等级	√
		B 防高压保护等级	
		C 防过载电流保护等级	

标识	问题	选项	答案
12	如果泵站被淹没，水泵电机短时间被泡在水里，该怎么办？	A 立即开启水泵运行，让电机露出水面来。	
		B 切断电机电缆，避免短路产生	
		C 告知电气专业人员，用专业仪器对电机进行检测	√
13	电机保险丝被烧断了，这时该怎么办？	A 更换保险丝	
		B 由专业人员对电机和电缆进行检查	√
		C 总是再启动，并查看发生了什么	
14	如何判定电机过载？	A 查看安培表的电流显示	√
		B 如果绝缘体烧坏，会有气味产生	
		C 看其是否停运	
15	对备用发电机组的要求什么？	A 仅在施工期间启用	
		B 每月都应进行试验性运行	√
		C 仅在使用前进行试验性运行	
16	允许用细股铜绞线或者锡箔对保险装置进行修补吗？	A 可以，同时可以提高连线耗电装置的负荷	
		B 不可以，两种材料都不适合修补	

标识		问题	选项	答案
			C 不可以,这是禁止的,因为修补后导线或者导体不再具备防火和防人身安全事故发生的保证	√
	17	污水处理厂内的户外照明灯具,允许非专业人员清洗吗?	A 可以,当通过移除保险丝断电时,是允许的	√
			B 不可以,这仍然是电气装置,所以仍然需要专业人员清洗	
			C 灯具的肮脏程度是容易被忽视的,在能见度不足的情况下,会容易导致事故发生	
▲	18	哪一个是矩形沉淀池桥式刮泥机最安全的供电方式(电压 400 V)?	A 无线供电	
			B 电缆线在水面上	
			C 带有应力消除装置的电缆线卷筒	√
▲	19	电能远距离传输为什么需要高压?	A 因为电缆在越过障碍物时,必须是高强度拉紧的	
			B 因为发电机电压不允许向下转换	
			C 因为采用较高的电压输电,可以采用较小截面的电缆	√

标识		问题	选项	答案
▲	20	正常工作时段出现电压故障，谁最可能提供援助？	A 消防队 B 发电公司的排障服务人员 C 污水处理厂自有维修队伍	 √
▲	21	变压器的作用是什么？	A 转化功率 B 从一种电压转化到另外一种电压 C 转化频率	 √
▲	22	变压器承担的任务是什么？	A 提高供电能力 B 转化电压 C 保护电网	 √
▲	23	谁可以允许进入污水处理中压(10 kV)变电室操作？	A 污水处理厂的每一个员工 B 只有污水处理厂的厂长有权力 C 只有得到指示的人和专业人员(须二人一组)	 √
▲	24	变压器室配有通风口，其是否允许用薄金属板遮盖，以防止蚊虫进入？	A 不允许 B 允许，但是仅在冬季 C 允许，一年四季均可以	√
▲	25	当变压器着火，该怎么办？	A 任其燃烧 B 用水浇灭 C 联系电力公司，采用干粉灭火器灭火，不允许人员进入变压器室	 √

标识		问题	选项	答案
▲	26	电力开关设施着火，无法接近主开关，该怎么办？	A 尝试采用高压水灭火	
			B 封闭设备，告知消防人员	√
			C 尝试采用泡沫灭火器灭火	

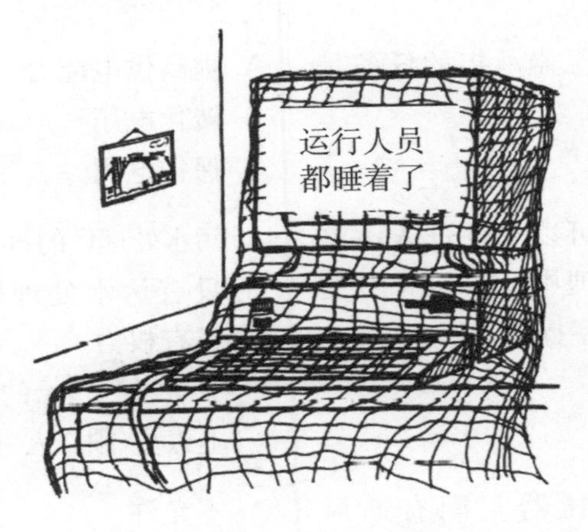

网络有助于同事间的联系

图1

10 检测技术

10.1 采样

标识	问题	选项	答案
▲	1 以下哪一种是均质水样样品？	A 无菌水样样品	
		B 混合和消毒过的水样样品	
		C 在水样测试前采用磁力搅拌器搅拌处理后的样品	√
▲	2 为什么污水水样样品需要是均质的？	A 为了长期保存	
		B 为了能够测定水样中所有包含的物质	√
		C 为了水样不会酸化	
▲	3 哪一种取样方法，可使进水污染负荷与某已知时间内负荷相吻合？	A 单一样品	
		B 等时间比例样品	
		C 等流量比例样品	√
▲	4 哪一种混合样最能反映真实负荷值？	A 连续采样的混合样	
		B 等时间比例的混合样	
		C 等流量比例的混合样	√

标识		问题	选项	答案
▲	5	如何理解一致性采样?	A 按照书面说明采样	
			B 与设施某一处理环节进水或出水水流时间相一致的采样方式	√
			C 采用耐腐蚀的采样器采集的样品	
▲	6	所有取样装置都安排在一个集中的采样点是有意义的吗?	A 是的,这样可以节省许多样品交换的时间	
			B 不合适,因为长距离管道会导致水质的不一致,出现错误	√
			C 不合适,各种仪器会互相产生影响	
▲	7	应该在什么位置采集初沉池、二沉池出水水样?	A 出水水渠	√
			B 溢流水渠	
			C 在每一个沉淀池中心	
▲	8	应该在曝气池什么位置,采集用于测定污泥沉降比的样品?	A 在曝气池混合搅拌最好的位置	√
			B 在进水口附近	
			C 在水面	
▲	9	应该在什么位置采集测定污泥指数的样品?	A 曝气池	√
			B 消化池	
			C 储泥池	

标识		问题	选项	答案
▲	10	采集污水处理厂进水水样时，需要注意什么？	A 在渠道内良好混合	√
			B 在水面采样，避免沉积物的影响	
			C 没有特别要求，因为水质是均匀的	
▲♣	11	应在渠内什么位置采集样品？	A 渠道中部	
			B 渠道边沿	
			C 在混合最好的位置	√
▲♣	12	在什么位置采集测定原污水污染负荷的样品？	A 污水处理厂格栅后进水	√
			B 初沉池出水	
			C 二沉池出水	
▲♣	13	什么是混合水样样品？	A 进水和出水水样混合后的样品	
			B 在同一个取样点、在某个时间段采集的多个水样的混合样品	√
			C 经良好摇晃、搅拌的单一水样样品	
▲♣	14	什么是混合水样样品？	A 原污水、净化后出水、消化液水样经混合后，送化验室测定的样品	
			B 为某种测定目的、在水样中添加了化学药剂的水样样品	
			C 在某个时间段采集的多个水样混合后的样品	√

标识		问题	选项	答案
▲♣❉	15	应该在什么位置采集测定生物段负荷的水样样品?	A 污水处理厂前的泵站	
			B 曝气池进水	√
			C 二沉池出水	
▲♣❉	16	污水处理厂出水水样在哪里采集?	A 二沉池出水	
			B 在雨水溢流口后	
			C 政府允许的排放点,一般在进入水体之前的位置	√
▲♣❉	17	应该采用哪一种器具测定进水或出水中的可沉物质?	A 标准柱形量筒,1 000 mL	
			B 标准锥形(英霍夫)沉降杯,1 000 mL	√
			C 烧杯,1 000 mL	
▲♣❉	18	应在哪个温度条件下保存待测定的水样样品?	A 20 ℃左右	
			B 尽可能冷的条件下	√
			C 37 ℃	
▲♣❉	19	应在什么地方保存待测定的水样样品?	A 在尽可能冷的地方,比如冰箱、地下室	√
			B 在室温条件下的地方	
			C 在室外阴凉地方	
▲♣❉	20	为什么水样样品在测定前必须要冷却保存?	A 可以避免发臭	
			B 减少和减缓化学反应	√
			C 便于之后提高水样的均质化程度	

标识		问题	选项	答案
▲♣❊	21	合格的瞬时水样样品的要求是什么?	A 至少有5个瞬时样品,且与污水处理厂的进水、出水采样点一致	
			B 在10 min内至少采集5个瞬时水样、再进行混合的水样样品	√
			C 连续采集的瞬时水样	
▲♣❊	22	合格的瞬时水样是如何定义的?	A 由专业人员采集的水样样品	
			B 在10 min内至少采集5个瞬时水样、再进行混合的水样样品	√
			C 每间隔1 h采集一个瞬时水样,构成24个瞬时水样的混合水样样品	
▲♣❊	23	污水处理厂出水的哪一个水样样品满足出水测定规定的要求?	A 瞬时水样	
			B 合格的瞬时水样	√
			C 2 h混合水样	

10.2 物理指标测定

标识	问题	选项	答案
▲	1 应采用什么方法测定压力管的流量?	A 三角溢流堰	
		B 矩形溢流堰	
		C 电磁流量计	√
▲	2 污水处理厂进水和曝气池内的可沉物质的测定仪器是相同的吗?	A 是的	
		B 不是	√
		C 在需要时候,是的	
▲	3 污水处理厂进水和出水中可沉物质的测定仪器是相同的吗?	A 是	√
		B 不是	
		C 最好不是	
▲	4 应采用哪一个仪器测定污水处理厂进水、出水中可沉物质的含量?	A 标准柱形量筒,1 000 mL	
		B 标准锥形(英霍夫)沉降杯,1 000 mL	√
		C 水桶	
▲	5 应在哪一个温度条件下灼烧干燥污泥,以测定污泥灼烧残留?	A 350～400 ℃	
		B 500～600 ℃	√
		C 800～1 000 ℃	
▲	6 灼烧残留的含义是什么?	A 污泥干物质中无机物质的含量	√
		B 污泥中的水含量	
		C 应在什么温度下干燥污泥	

标识		问题	选项	答案
▲	7	由哪个指标可以推断二沉池出水中可滤物质浓度高？	A 出水中剩余污染物	√
			B 污泥沉降比	
			C 溶解性物质含量	
▲♣❋	8	测量污水温度为什么要采用插入式温度计(Schöpfthermometer)？	A 因为同时可以为实验室分析取样	
			B 因为所使用的温度计是以其发明人 Schöpf 的名字命名的	
			C 因为可以避免空气温度对读数的影响	√
▲♣❋	9	英霍夫锥形管是什么物品？	A 沉淀池中心进水设施	
			B 测定装置	√
			C 德国北部的啤酒杯	
▲♣❋	10	采用英霍夫锥形管测定可沉物质含量，水样需要在杯中沉淀多少时间？	A 30 min	
			B 1 h	
			C 2 h	√
▲♣❋	11	污水处理厂二沉池/沉淀塘的可视深度为 70 cm，可采用哪一个仪器测定？	A 视镜	√
			B 视力表	
			C 可视尺	
▲♣❋	12	在什么位置测定可视深度是最合适的？	A 初沉池	
			B 曝气池	
			C 二沉池/沉淀塘	√

标识		问题	选项	答案
▲❋	13	必须掌握曝气池中的干物质含量，这样就能：	A 适时准确地抽取剩余污泥	√
			B 使污泥指数保持相同	
			C 使曝气池中没有沉淀物	
▲❋	14	应采用什么器具测定污泥沉降比？	A 标准柱形量筒，1 000 mL	√
			B 标准锥形（英霍夫）沉降杯，1 000 mL	
			C 水桶	
▲❋	15	测定污泥沉降比时，水样在沉降杯中应沉淀了多少时间？	A 30 min	√
			B 60 min	
			C 2 h	
▲❋	16	曝气池中的污泥沉降比是用哪个方法测定的？	A 在标准的 1 000 mL 量筒中沉淀 30 min 后测定	√
			B 测量曝气池尺寸	
			C 在用英霍夫沉降杯沉淀 30 min 后测定	
▲❋	17	应采用什么器具测定污泥的干物质含量？	A 离心装置和试管	
			B 灼烧炉和色标	
			C 105 ℃干燥箱和天平	√
▲❋	18	干物质含量用于确定哪个参数？	A BOD_5	
			B 可沉物质含量	
			C 污泥指数	√

标识		问题	选项	答案
▲❋	19	在干燥箱中用于测定干物质含量的样品是哪一类样品?	A 从曝气池采集的样品	
			B 从曝气池采集的样品,且是经过滤处理后的截留物	√
			C 从曝气池进水采集的样品	
▲❋	20	如何理解污泥指数?	A 特殊活性污泥	
			B 含有机物在内污泥负荷	
			C 表示含有 1 g 干物质的污泥体积(以 mL 表示)	√
▲❋	21	污泥指数的含义是什么?	A 表示活性污泥中特殊的污泥成分	
			B 经 30 min 沉淀后,含有 1 g 干物质含量的污泥的体积,表示污泥的沉淀性能	√
			C 活性污泥负荷(单位:BOD_5/kg TS)	
▲❋	22	污泥指数的单位是什么?	A mL/g	√
			B mL/L	
			C g BOD_5(每天)/g TS	
▲❋	23	对于大部分生活污水,污泥指数应达到哪个数值范围?	A 30～60 mL/g	
			B 80～120 mL/g	√
			C 150～200 mL/g	

标识		问题	选项	答案
▲♣	24	较大的可视深度意味着什么?	A 说明有很多的可沉物质存在 B 说明悬浮物质很少 C 说明观察者视力很好	 √
▲♣	25	渠道内流量计算公式是: $Q=v \cdot A$,字母 Q 的含义是什么?	A 在某一特定时间中的流量 B 水深 C 管渠水流截面积	√
▲♣	26	渠道内流量计算公式是: $Q=v \cdot A$,字母 A 的含义是什么?	A 流速 B 水深 C 管渠水流截面积	 √
▲♣	27	渠道内流量计算公式是: $Q=v \cdot A$,字母 v 的含义是什么?	A 流速 B 水深 C 管渠水流截面积	√
▲♣	28	渠道内流量计算公式是: $Q=v \cdot A$,字母 v 的单位是什么?	A m^2 B s C m/s	 √
▲♣	29	渠道内流量计算公式是: $Q=v \cdot A$,字母 A 的单位是什么?	A m^2 B s C m/s	√
▲♣	30	渠道内流量计算公式是: $Q=v \cdot A$,当 v 和 A 的单位分别是 m/s 和 m^2 时,字母 Q 的单位是什么?	A mL/L B L/min C m^3/s	 √

标识		问题	选项	答案
▲♣	31	文丘里测量渠的作用是什么?	A 尽可能改善水样采集条件	
			B 用缩径管道进行流量限制	
			C 一种收缩断面的渠道,通过产生壅水测量流量	√
▲♣	32	如果漂浮污泥中有破布存在,对流量计的显示有什么影响?	A 导致数值过高	
			B 数值正常	
			C 导致数值过低	√
▲♣	33	如何按照DIN 19559校准文丘里流量计?	A 与小时流量曲线 Q/h 进行对比	
			B 通过另外一种测量方法进行测量校核	√
			C 仅通过归零检查	
▲♣	34	流量测量的测量流段允许改变吗?	A 可以,测量位置可以随意调整	
			B 不可以,其总是与溶解性物质浓度相对应	
			C 不可以,其已经被校准了	√

10.3 生化指标测定

标识	问题	选项	答案
▲	1 在污水水质测定时，如何理解稀释的BOD?	A 被雨水稀释 B 在水体中被稀释 C 用无营养物、含有溶解氧的水稀释	 √
▲	2 BOD_5 测定的原理涉及哪个选项?	A 通过溶解氧的产生，测定容器的压力提高了 B 因微生物对溶解氧的消耗，测定容器会产生负压 C 在测定过程中，试样的体积会减小	 √
▲♣	3 在 BOD_5 测定时，硝化反应，即铵氮转化为硝酸盐氮会对测定产生影响吗?	A 因为硝化反应会生成氧，导致 BOD 值降低 B 因为仅有氮存在，不会影响 BOD_5 值 C 在测定时加入抑制消化反应的抑制剂 ATH，对 BOD_5 测定不会产生影响	 √
▲♣	4 污水塘出水受藻影响的水样与过滤的水样对比，BOD_5 值有何不同?	A 前者 BOD_5 值高 B 前者 BOD_5 值低 C 没有对比结果	√

标识	问题	选项	答案
▲♣❊	5 哪一个指标是生化指标?	A BOD_5	√
		B COD	
		C 溶解氧含量	
▲♣❊	6 生物化学需氧量是以什么度量?	A 污水中的氧气含量	
		B 污水中的污泥含量	
		C 污水中的有机物含量	√
▲♣❊	7 在进行 BOD_5 测定时,在测定容器中的污水必须持续搅动,这是为了:	A 让每一个水滴都与容器空间中的氧实现必要接触	√
		B 避免厌氧消化	
		C 最大限度激发微生物的活性	
▲♣❊	8 BOD_5 是微生物在以下哪种情况下的生物化学需氧量?	A 是在有机物降解过程中的需氧量	√
		B 是在溶解性无机物降解过程中的需氧量	
		C 是在无机物中的需氧量	
▲♣❊	9 哪一个间接测定值在 BOD_5 测定时可以体现出来?	A CO_2 含量	
		B 含水量	
		C 空气负压	√
▲♣❊	10 BOD_5 的角标 5 含义是什么?	A 5 天氧的消耗量	√
		B 第一天的测定值乘以 5	
		C 5 个测定值的平均值	

标识	问题	选项	答案
▲♣❄	11 BOD_5 的角标 5 含义是什么？	A 5 天内氧的消耗量	√
		B 测定温度为 5 ℃	
		C 测定容器容积为 5 mL	
▲♣❄	12 若 BOD_5 浓度为 300 mg/L，水样体积大小怎样合适？	A 少量的水样	√
		B 大量的水样	
		C 水样量需要变化	
▲♣❄	13 若 BOD_5 浓度为 30 mg/L，采用哪一个水样体积合适？	A 小体积量的水样	
		B 大体积量的水样	√
		C 水样体积要持续变化	
▲♣❄	14 BOD_5 测定的温度条件是什么？	A 按照实验室温度确定	
		B 保持在 20 ℃	√
		C 保持在 10 ℃	
▲♣❄	15 在 BOD_5 测定时，碳酸是和什么结合在一起的？	A 氢氧化钙	√
		B 硫酸	
		C 沸石	
▲♣❄	16 尽管有可见的污染物，但是 BOD_5 测量却没有结果，原因为何？	A 水样中毒了	√
		B 检测容器中含有过多的氧	
		C 检测容器中含有过多杂质	
▲♣❄	17 中毒的水样和没有中毒的水样相比，其 BOD_5 值有什么不同？	A 前者数值高	
		B 前者数值低	√
		C 二者的数值相同	

标识	问题	选项	答案
▲♣❊	18 BOD_5 测定时长一般需要多久?	A 5 h	
		B 5 d	√
		C 5 周	
▲♣❊	19 BOD_5 测定与温度相关吗?	A 相关,测定温度要保持在 20 ℃	√
		B 相关,测定温度要保持在 37 ℃	
		C 不相关,在 20 ℃内的任何温度下,测定值都是相同的	

图 1

10.4 化学指标测定

标识	问题	选项	答案
▲	1 哪个是铵氮的化学表达式?	A NO_3-N B NH_4-N C NH_3-N	 √
▲	2 哪个是硝酸盐氮的化学表达式?	A NO_3-N B NH_4-N C NH_3-N	√
▲	3 哪个是磷酸盐磷的化学表达式?	A PO_3-P B PO_4-P C PO-P	 √
▲	4 哪个是亚硝酸盐氮的化学表达式?	A NO_2-N B NH_4-N C NH_3-N	√
▲	5 水法规定的总氮值 N_{ges} 是哪个?	A NH_4-N + NO_2-N + NO_3-N B NH_3-N + PO_4-P C NH_4-N + CH_4	√
▲	6 沼气中的二氧化碳借助于简单的器具就可以检测,为什么?	A 因为其是沼气中可燃烧的部分 B 因为其比甲烷的检测方法简单 C 因为不需要专业人员检测	 √

标识		问题	选项	答案
▲	7	沼气中甲烷含量百分比如何通过二氧化碳比例近似计算?	A 相同	
			B 与100%的差值	√
			C 相差一半	
▲	8	用 pH 试纸检测污泥会出现错误的结果,为什么?	A 因为污泥中有有机酸	
			B 因为可能会受污泥自身颜色影响	√
			C 因为污泥含有的水量少	
▲❋	9	亚甲蓝试剂用于检测什么?	A 污水的可消化性	√
			B 污水中的有毒物质	
			C 污水中的无机物质	
▲❋	10	亚甲蓝试验是为了检测什么?	A 可形成异味的物质	
			B 水样里的溶解氧含量	
			C 检测水的耐久性,或者可消化性	√
▲❋	11	亚甲蓝试剂用于检测什么?	A 自身氧气耗尽的时间	√
			B 水样开始腐败的时间点	
			C 生成的碳酸盐开始抑制生命进程的时间点	
▲❋	12	在进行亚甲蓝试验时,水样颜色会发生什么变化?	A 颜色变为黄色	
			B 颜色变为红色	
			C 失去颜色	√

标识		问题	选项	答案
▲❋	13	如果某水样不能称为腐败，其在亚甲蓝测试中多久不会褪色？	A 1 d B 5 d C 20 d	 √
▲❋	14	亚甲蓝测试水样应该在什么温度下存放？	A 37 ℃ B 20 ℃ C 没有要求，但是应防止结冰	 √
▲♣❋	15	pH 值表征污水的什么性能？	A 酸性、中性或碱性 B 磷酸盐含量 C 硬或者软	√
▲♣❋	16	pH 电极探头可以用砂纸清洗吗？	A 不可以，因为会损坏玻璃面 B 可以，因为必须将玻璃面上的污染物去除掉，且这种玻璃可以承受此类机械处理 C 不可以，因为探头要始终淹没在水下，其对洁净情况是没有要求的	√
▲♣❋	17	城市污水的 pH 值在什么范围？	A pH 4～6 B pH 6～8 C pH 8～10	 √
▲♣❋	18	某污水的 pH 为 13，表示其具有什么性质？	A 强酸性 B 弱碱性 C 强碱性	 √

标识		问题	选项	答案
▲♣❊	19	如果 pH 检测仪器检测出的数值一个月都是相同的，您需要做处理吗？	A 不需要，这是我们所希望的，希望下个月也是如此	
			B 需要，应该清洗探头，并校准仪器	√
			C 不需要，令人高兴的是，污水在管渠内既不是碱性，也不是酸性	
▲♣❊	20	溶解氧仪的电极多少时间需要校准一次？	A 每周 1 次	√
			B 每月 1 次	
			C 仅在读数不变的时候	
▲♣❊	21	哪个处理设施需要检测溶解氧？	A 消化池	
			B 生物滤池	
			C 曝气池	√
▲♣❊	22	曝气池通过什么来检测溶解氧？	A 测定 BOD_5	
			B 测定 COD	
			C 用溶解氧仪	√
▲♣❊	23	如果曝气池中的溶解氧仪读数显示为零，是什么原因？	A 曝气池内溶解氧饱和	
			B 检测仪器错误	√
			C 曝气池氧有机负荷太低	
▲♣❊	24	污水的 COD 是什么含义？	A 碳-硫的需要量	
			B 生化需氧量	
			C 化学需氧量	√

标识	问题	选项	答案
▲♣❄	25 COD检测包含了污水中哪些物质?	A 可化学氧化的物质	√
		B 所有溶解性物质	
		C 仅仅是悬浮物质	
▲♣❄	26 测定COD时,比色皿中含有哪些药剂?	A 氰化钠和镉	
		B 硫酸铵和硫酸铁	
		C 硫酸和重铬酸钾	√
▲♣❄	27 COD试样从放到测试装置上到得到数值,需要多少时间?	A 5 min	
		B 1~2 h,视检测设备生产厂商的产品情况而定	√
		C 5 h	
▲♣❄	28 COD测定的加热反应时间为多少?	A 3 min	
		B 6 min	
		C 1~2 h,视检测设备生产厂商的产品情况	√
▲♣❄	29 COD检测需要借助于什么?	A 重铬酸钾和分光光度计	√
		B 含有溶解氧的稀释水	
		C 溶解氧检测仪	
▲♣❄	30 如何处理COD测定后的比色皿?	A 退回给供货商或生产厂家	√
		B 作为污水处理厂垃圾	
		C 倒入化验室下水道	

标识		问题	选项	答案
▲♣❊	31	如何避免产生错误的检测结果?	A 与前一个月的测定数据进行比较 B 通过检测控制和可靠性检查 C 不需要,检测仪器显示总是准确的	 √

正确**取样**是保证获得准确数据的前提

图1

10.5 电力指标测定

标识	问题	选项	答案
1	欧姆是哪个选项的单位?	A 电阻	√
		B 电流强度	
		C 电压	
2	kWh 是哪个选项的单位?	A 用电量	√
		B 功率	
		C 时间	
3	kW 是哪个选项的单位?	A 用电量	
		B 功率	√
		C 时间	
4	在有效电量计量表上有 HAT-HT 标注,请问 HAT 是什么意思?	A 家庭费率	
		B 小时费率	
		C 高价费率	√
5	在有效电量计量表上有 HAT-NT 标注,请问 NT 是什么意思?	A 普通费率	
		B 零费率	
		C 低价费率	√
6	电子氧检测仪的必要器件是什么?	A 电子计数器	
		B 氧电极	√
		C 静止的水	

标识	问题	选项	答案
7	机械设备的电流消耗量用什么衡量?	A 安培	√
		B 伏特	
		C U/min	
8	电流强度的测定仪器叫什么名字?	A 安培表	√
		B 伏特表	
		C 千瓦小时表	
9	采用电子方法进行机械参数检测时,需要的检测仪器是哪个?	A 实际功率计数器	
		B 检测参数转换器	√
		C 变压器	

10.6 显微镜检测

标识	问题	选项	答案
▲	1 常用透射光显微镜进行图像检测，其需要哪种辅助光学器件？	A 相位光学器件	√
		B 荧光光学器件	
		C 干涉光学器件	
▲	2 对于线型微生物显微镜检测，其被放大了多少倍？	A 100 倍	
		B 500 倍	
		C 1 000 倍	√
▲	3 在沉淀性方面，生物污泥絮体应具备哪些有利特征？	A 有开放结构的较大片状絮凝物	
		B 絮凝体浑圆、结构密实	√
		C 多边形絮凝体、尺寸较小	
▲	4 哪种试样适用于显微镜检测？	A 取自回流管的浓缩活性污泥	
		B 取自生物除磷曝气池厌氧区的活性污泥	
		C 取自良好混合的、曝气区的活性污泥	√
▲	5 在什么情况下，依据显微镜图像可以判定不稳定的环境条件？	A 微生物多样性是减少的	√
		B 微生物多样性是增加的	
		C 后生动物种类丰富	

标识		问题	选项	答案
▲	6	二沉池出水口出现浮泥,可能是什么原因导致的?	A 出现中等紧密的圆形絮体	
			B 出现嗜菌的原生动物和后生动物	
			C 在清水区出现较高浓度的丝状菌和(或)自由细菌	√
▲	7	如何从显微镜图像判定出曝气池是低污泥负荷状态?	A 水相中存在很高的微生物密度	
			B 有很高密度的自由微生物,如:鞭毛虫、变形虫	
			C 有较长世代时间的生物,如壳变形虫、后生动物	√
▲	8	如何从显微镜图像判定出曝气池是高污泥负荷状态?	A 纤毛虫和后生动物种类繁多	
			B 有很高密度的自由微生物,如:鞭毛虫、变形虫	√
			C 有较长世代时间的生物,如壳变形虫、后生动物	

11 排水管渠和污水处理厂运维

11.1 运维日志和降解率

标识		问题	选项	答案
▲♣	1	如何通过运维日志，分析平均 BOD_5 负荷？	A 由流量和平均 BOD_5 浓度计算得到 B 由进水 BOD_5 和可沉物质浓度计算得到 C 由出水 BOD_5 和污泥产量计算得到	√
▲♣	2	污水处理厂负责人用什么可以证明，其运行管理是无可指责的？	A 认真记录的运维日志 B 定期汇报自己的工作强度 C 对助手的态度	√
▲♣	3	污水处理厂发生事故时，若运维日志没有正确记录，有关责任人要承担责任吗？	A 需要 B 不要 C 仅在法官判决须承担责任时	√

标识	问题	选项	答案
▲♣	4 运维日志需要记载特别的运行状态吗？	A 不需要，其涉及运行秘密	
		B 需要，这是全面掌握运行状态的唯一方法	√
		C 需要，但是仅在夏半年	
▲♣	5 电子化记录的运维日志允许后台消除打字错误吗？	A 允许	
		B 不允许	√
		C 允许，因为监管机构相关人员经过电子化记录培训，总能全面理解	
▲♣	6 电子化运维日志是否可以减轻分析工作？	A 不会	
		B 仅仅在同时还有手工记录单的情况下	
		C 可以简化月报和年报的编制	√
▲♣	7 由谁来绘制污水处理厂性能情况图？	A 所属的水务机构	
		B 州化学检测管理局	
		C 污水处理厂人员	√
▲♣	8 从污水处理厂性能情况图可以得到什么信息？	A 污水处理厂处理效果	√
		B 二沉池可视深度	
		C pH 值	
▲♣	9 什么是性能情况图？	A 污水处理厂某一个较长时间段的负荷变化曲线图	√

标识		问题	选项	答案
			B 污水处理厂运行人员工作证明	
			C 电子仪器检测结果的记载	
▲♣	10	性能情况图的作用是什么?	A 为污水处理厂工作人员提供信息	√
			B 便于在媒体上公开发布信息	
			C 作为运行人员特殊工作的证明	
▲♣	11	性能情况图还可以展示什么?	A 污水处理厂负荷率	√
			B 运行人员的工作负荷	
			C 已完成的工作情况	
▲♣	12	运维日志季度分析报告的作用是什么?	A 为污水处理厂工作人员提供运维情况信息	√
			B 便于在报纸上公布信息	
			C 作为运行人员的工作负荷证明	
▲♣	13	为什么要在运维日志上特别记载某些特定日期的日进水量?	A 为了辨识周末的进水量	
			B 为了掌握旱天进水量，以分析年污水量	√
			C 为了掌握污水处理厂领导的假期时间	

标识		问题	选项	答案
▲♣	14	从耗电量和降解的污染物负荷比值可以掌握什么？	A 污水处理厂的污染物降解率	
			B 污染物降解的经济性情况	√
			C 生物段的负荷情况	
▲♣	15	为什么要分析水法规定的相关污染物的降解率？	A 进一步增加运行人员工作负荷	
			B 这是污水处理厂厂长希望的	
			C 是欧盟法律规定的	√
▲♣	16	什么是需氧量等级？	A 污水处理厂的效能等级	
			B 溶解氧逐步降解等级	
			C 用于评价水体中剩余污染物需氧量的等级序号	√
▲♣	17	需氧量等级的首要作用是什么？	A 使非专业人员能够评价污水处理厂的净化效果	√
			B 使人了解污水处理厂负荷情况	
			C 便于分析鼓风机的负荷率	
▲♣	18	如何确定需氧量等级？	A 通过鼓风机运行时间计数	
			B 通过运维日志数据表	√
			C 通过曝气池微生物的呼吸活性	

标识		问题	选项	答案
▲♣	19	什么是营养物等级?	A 污水处理厂人员对营养物的需求等级	
			B 消化池的营养物负荷	
			C 污水处理厂出水中营养物对于水体影响的等级数字	√
▲♣	20	如何理解污水处理运行的经济性?	A 污水处理厂食堂有良好的环境	
			B 用最小的财务支出,实现最好的净化效果	√
			C 厌氧消化的污泥送入加工厂加工	
▲♣	21	为了让污水处理厂经济地运行,特别需要考量的成本有哪些?	A 电费和人工成本	√
			B 工具购置的费用	
			C 清洁用品购置费用	
▲♣❊	22	哪个法规特别提出污水处理厂要填写运维日志?	A 水法排放许可	√
			B 水法	
			C 排水条例	
▲♣❊	23	填写污水处理厂运维日志的目的是什么?	A 为了使运维人员有工作可做	
			B 为了将运行结果存档	√
			C 为了编制运维人员工作计划	

标识		问题	选项	答案
▲♣❋	24	污水处理厂运维日志填写的目的是什么?	A 为了证明个人的工作效率	
			B 因为这是污水处理厂厂长希望的	
			C 为了证明污水处理厂的运行和负荷状况	√
▲♣❋	25	污水处理厂运维日志的作用是什么?	A 用于证明有效的工作时间	
			B 用于展示污水处理厂运行状况	√
			C 作为访问者登记簿	
▲♣❋	26	污水处理厂运维日志必须提供给谁查阅?	A 访问者	
			B 运维人员、厂长和主管部门的相关人员	√
			C 劳动监察部门	
▲♣❋	27	根据污水处理厂运维日志的精确记载,您可以了解到什么信息?	A 运行人员日常工作安排表	
			B 污水处理厂运行状况	√
			C 污水处理厂正常工作的条件	
▲♣❋	28	从污水处理厂运维日志中可以分析出工艺技术之间的相关关系吗?	A 可以	√
			B 总体上不可以	
			C 不可以	

标识		问题	选项	答案
▲♣❈	29	污水处理厂运维日志有证书文件的特征，是指什么?	A 应与挂在墙上的证书一样保存	
			B 只能在木框中保存	
			C 写错的地方不能够刮擦和修改	√
○	30	排水管渠运维巡查:	A 需每年进行一次,并以档案形式记载	√
			B 不重要	
			C 可对各个检查井状态进行记载	
○	31	排水管渠运维状况记录的作用是什么?	A 对于评价排水管渠的状态是重要的	√
			B 不必要	
			C 是运维人员工作时间表的重要基础	
○	32	从排水管渠运维记录中可以得到什么信息?	A 排水管渠的管龄	
			B 管渠内污水的水质状况	
			C 管渠材料状况和相应状态下的外来水入渗情况	√

电子办公设备出故障了！但如果手写书面运行日志就在手边的话，就不会有问题发生！

图 1

11.2 特殊运维状态

标识		问题	选项	答案
	1	排水管渠中有固体物沉淀,其流速可能是多少?	A 小于0.3 m/s	√
			B 大于0.3 m/s	
			C 大于3.0 m/s	
▲	2	在融雪季节,污水会含有大量融雪盐,其会对污水处理厂带来什么影响?	A 曝气池会出现大量泡沫	
			B 导致厌氧消化产气量下降	√
			C pH值下降	
▲	3	在融雪季节,进水水温会下降,其会对污水处理厂带来什么影响?	A 密度流会对初沉池的沉淀效果带来很不利的影响	√
			B 曝气池会产生较多的泡沫	
			C 不会有影响,因为污水处理厂都有排向水体的紧急溢流口	
▲	4	如果机械处理超水力负荷运行,会有什么影响?	A 沉淀效果不好,会导致生物段的负荷增加	√
			B 原污泥产量显著增加	
			C 后续所有构筑物的停留时间都会延长	

标识		问题	选项	答案
▲	5	在消化池调试时，每天投加的原污泥占池中污泥的最大比例为多少？	A 1/2～1/3 B 1/8～1/10 C 1/3～1/4	 √
▲○♣	6	哪个法律文件规定：不得将有毒物质排入排水管渠？	A 污水法令 B 民法典 C 排水条例	 √
▲○♣	7	如果一个工厂电话通知您，有有毒物质非故意排入排水管渠，您应该立即通知谁？	A 不需要，观察一下会发生什么 B 上级和专业主管部门 C 刑事警察	 √
▲♣	8	如果发现进水中存在大量的油，您应该立刻怎么办？	A 对生物段采取保护措施，并告知上级、主管部门和消防队 B 自己主动进行调查 C 燃烧掉这些油	√
▲♣	9	污水处理厂进水中的油膜应该如何处理？	A 点燃烧掉 B 排到水体中 C 用吸油材料收集并分离	 √
▲♣	10	进水中哪一个 pH 值对污水处理来说是没有问题的？	A pH 6.5～9.0 B pH 1～6 C pH 10～13	√
▲♣	11	在雷雨天，特别重要的是哪一项？	A 不要让格栅堵塞 B 将污泥储存斗盖子盖上 C 关闭曝气设备	√

标识		问题	选项	答案
▲♣	12	当污水处理厂出现反常的 pH 冲击,您该怎么办?	A 立刻采集水样和记录时间,并报告地区主管部门	√
			B 等待,直到冲击消失	
			C 首先向市长报告,然后再尝试采集水样	
▲♣	13	污水处理厂旱天进水中突然出现大量液态肥料,该怎么办?	A 由于生物处理段不能够承受,所以启动紧急排放口	
			B 启动污泥回流,停止曝气装置,这样可以避免气味产生,同时要留存证明性样品	
			C 将此进水引导到空置的雨水池进行缓冲,提高曝气池供气量,并留存证明性样品	√
▲♣	14	在经历了严重的油入流事故后,在池中有 4 cm 的油层,该怎么将油清除掉?	A 委托专业公司,尽快将油抽除	√
			B 采用油黏合剂,并手工将油撇除	
			C 采用刮泥机将油挂到污泥井中,再排入消化池	

标识		问题	选项	答案
▲※♣	15	污水处理厂需要停运2 h进行检修，这样会导致进水管渠涌水，或者部分壅水，那么在重新运行时，该采取何种措施？	A 尽可能快地将涌水排入污水处理厂中	
			B 用大约4 h的时间将其排入污水处理厂中	√
			C 首先用吸水车将涌水管段淤积物排除，再解决涌水	
▲※♣	16	如果污水处理厂因检修需要停止运行几个小时，请问应提前2周向谁报告？	A 拍摄管渠空置时的漂亮照片给媒体	
			B 不需要，因为这个时段太短暂了	
			C 专业机构、主管部门和渔业部门	√
▲※♣	17	曝气池水力负荷过大，会有什么影响？	A 污泥产生量减少	
			B 会导致沉淀的污泥翻起	
			C 干物质含量降低	√
▲※♣	18	二沉池/二次沉淀塘污泥泥位升高，应该采取什么措施？	A 撇除污泥	
			B 取消淹没挡水墙	
			C 调整生物设施的运行方式	√
▲※♣	19	实际运行中，避免二沉池/二次沉淀塘结冰的措施是什么？	A 提高曝气池的供气量	
			B 采取加热措施	
			C 种植防风植物	√

标识		问题	选项	答案
▲※♣	20	二沉池/二次沉淀塘进水不均匀时，会有什么影响？	A 导致污泥流出	√
			B 会改善出水质量	
			C 污泥指数升高	

管理 12

标识		问题	选项	答案
	1	谁承担污水处理设施技术运行责任?	A 水务管理部门 B 市长 C 污水处理厂领导/运行人员	 √
	2	允许政府监管部门代表进入污水处理厂吗?	A 仅在申请取得书面许可时 B 随时可以 C 一年允许一次	 √
	3	谁负责运行手册的发布?	A 污水处理厂运行管理方 B 监管机构 C 污水处理厂的设计单位	√
▲♣	4	由谁来任命水资源保护责任人?	A 污水处理厂的设计单位 B 监管部门 C 污水处理厂运行管理方	 √
▲○♣	5	谁是污水处理厂运行人员的最高监督者?	A 市长,或者污水处理联合体以及运营商的法人 B 水务管理部门 C 州警察	√

标识		问题	选项	答案
▲○♣	6	污水处理厂运行人员工作职责的细节在哪里规定?	A 在公开的排水条例中	
			B 在水法的告知书中	
			C 在工作合同中	√
▲○♣	7	乡镇代表大会由谁参加?	A 地区代表	
			B 乡镇居民代表	√
			C 监管部门代表	
▲○♣	8	如果污水处理厂运行出现困难,应该首先向谁报告?	A 本污水处理厂的主管	√
			B 监管部门	
			C 媒体	
▲○♣	9	污水处理厂领导对于访问者的责任是什么?	A 访客必须按照他来的方式离开,并获得良好的印象	√
			B 对访问者没有什么责任	
			C 只是在有工程师陪同访问时负责	

13 室外设施的维护

标识	问题	选项	答案
	1 需要在开放式池体边上直接种植什么植物?	A 不需要	√
		B 阔叶树	
		C 苹果树	
	2 在开放式池体附近不应种植阔叶树木,这是因为:	A 树的阴影会落在水面上,影响氧摄入	
		B 在秋天落叶会增加额外的工作量	
		C 树根的生长会损坏步行道和池体	√
	3 凸出的池子边缘会影响草坪的修剪,是否允许将池子周边地块也加高?	A 是的,这样工作的成本较低	
		B 是的,这是一个有价值的改善建议	
		C 不需要,池子边缘高出地面 1.0 m,是出于安全的需要	√
	4 一般什么原因会导致池边发绿?	A 沾染花粉	
		B 污水来自印染厂	
		C 藻类生长	√

标识	问题	选项	答案
5	污水处理厂的围墙(栏)需要定期维护，保持正常状态，目的是什么？	A 为了不让外人看到里面发生了什么 B 让工作人员在工作时不受干扰 C 不让未授权的人员进入厂内，避免发生事故	C √
6	何时应该修复检测到的周边围墙(栏)、防护装置等的损坏？	A 一年一次 B 立刻 C 只有在劳动监察局下令的情况下	B √
7	基于什么原因必须设置围墙(栏)？	A 因为别的设施是这样做的 B 为了场外人员入访的安全 C 为了景观好看	B √
8	污水处理厂的大门始终是为访问者开放的吗？	A 不是，根据需要开放 B 是的，因为污水处理厂是开放的公共设施 C 是的，但只是在工作时间	A √
9	老鼠在污水处理厂中不允许存在，因为：	A 老鼠会将草坪搞得乱七八糟 B 老鼠是非常可恨的动物 C 老鼠会携带病原体	C √
10	如何消除污水处理厂的老鼠？	A 以狗类抓捕 B 用烟气 C 采用允许使用的老鼠药	C √

标识	问题	选项	答案
11	什么是腐蚀？	A 一种侵蚀	
		B 运维日志的错误记载	
		C 金属表面发生的一种化学变化	√
12	哪种暴露的金属部件最耐腐蚀？	A 热镀锌的	√
		B 刷涂锌涂层的	
		C 刷涂油漆的	
13	哪种金属材料防腐蚀的能力最强？	A 有锌涂层的	
		B 有油漆涂层的	
		C 不锈钢	√
14	如何避免铁件的腐蚀？	A 遮盖上	
		B 涂刷多层防锈漆	√
		C 涂刷油脂	
15	金属部件防腐层的主要作用什么？	A 保护设备部件	√
		B 让设备外观好看	
		C 与周边景观相协调	
16	什么是点蚀？	A 因腐蚀在金属表面形成的较深的坑状损害	√
		B 一种污水处理厂受鼠害的确切证据	
		C 内燃机活塞受损的结果	

14 卫生

标识	问题	选项	答案
1	在生物净化污水的同时,是否所有病原菌也会得到净化?	A 是的	
		B 不会	√
		C 仅在夏季	
2	为什么在清除格栅栅渣时,必须佩戴橡胶手套?	A 因为栅渣太光滑了	
		B 这样工作后就可以不洗手了	
		C 为了防止细菌感染	√
3	会对健康产生不利影响的微生物被称为什么?	A 细菌	
		B 原生动物	
		C 病原菌	√
4	运行人员冲淋的频次应怎么安排?	A 每天工作后	√
		B 每周一次	
		C 每月一次	
5	是否要求污水处理厂工作人员洗手、冲淋和更换衣服?	A 是的	√
		B 不需要	
		C 是的,但只有当衣服被污水污染时才需要更换	

标识	问题	选项	答案
6	大肠菌是什么？	A 在大肠中生存的细菌	√
		B 霍乱病原体	
		C 伤寒病原体	
7	病原菌是什么？	A 病原体	√
		B 活性污泥细菌	
		C 消化池厌氧细菌	
8	病原菌是什么？	A 草籽	
		B 病原体	√
		C 处理过的种子	
9	在污水处理厂如何防止感染病原菌？	A 通过极其严格的清洁措施和防护服	√
		B 通过呼吸防护面罩	
		C 穿结实的鞋	
10	消毒剂的作用是什么？	A 杀灭病原体	√
		B 提高人的抵抗力	
		C 封闭皮肤毛孔，避免病原体进入	
11	应从哪里获得消毒剂？	A 不知名的旅行公司	
		B 专业供货商（药店）	√
		C 医院	
12	消毒剂的作用是什么？	A 净化污水	
		B 杀灭病原体	√
		C 促进生物净化进程	

标识	问题	选项	答案
13	消毒剂不按照操作规程使用，会带来什么危害？	A 没有危害 B 因皮肤的酸性防护膜被破坏，受损位置更加易受病毒感染 C 消毒剂会刺激皮肤，导致汗毛脱落	 √
14	在做完破伤风疫苗接种(一年内3次)后，过多长时间需要重新接种？	A 6个月 B 2年 C 10年	 √
15	破伤风疫苗的防护时间为多长？	A 1年 B 5年 C 10年	 √
16	“抗菌的”是什么意思？	A 保持无菌 B 阻碍发酵 C 促进发酵	√
17	卫生工作的含义是什么？	A 数清细菌数量 B 健康防护和保持清洁 C 对小的流血伤口进行无菌止血处理	 √
18	什么是“持续排出者”？	A 一种特殊的轻物质分离器 B 指持续带有特定病原菌的粪便排入污水、却无疾病的特定人群 C 没有正确维护的汽油分离装置	 √

标识		问题	选项	答案
	19	污水中的老鼠是以下哪种疾病的传播者?	A 帕金森病	
			B 威尔士病	√
			C 狂犬病	
	20	污水处理厂工作人员为什么在工作期间和工作场所禁止饮食?	A 为了避免传染病(生物质条例)	√
			B 因为食物残渣是老鼠的食物	
			C 为了保证工作人员能够聚精会神工作	
	21	在运行操作中允许吸烟吗?	A 若吸烟者在吸烟前将手洗干净,便允许在规定的地方吸烟	√
			B 除易燃易爆场所外,其他场所都是允许吸烟的,关键取决于污水处理厂厂长的喜恶	
			C 在污水处理厂内禁止吸烟	
▲	22	经过加热的厌氧消化池污泥仍然需要卫生防护吗?	A 不需要	
			B 总是需要	√
			C 需要,但仅在特殊条件下	
▲○♣	23	为运行人员提供防护服的责任人是谁?	A 雇员	
			B 雇主	√
			C 同业工伤事故保险联合会	

标识		问题	选项	答案
▲○♣	24	应哪儿清洗防护服?	A 在住宅内由雇员自己清洗	
			B 在污水处理厂清洗池内	
			C 在污水处理厂洗衣房,或者工业洗衣店	√
▲○♣	25	哪种类型的手巾适用于污水处理厂工作人员?	A 一次性手巾	√
			B 白色毛制毛巾	
			C 蓝色棉制毛巾	
▲○♣	26	为什么说公共毛巾是不卫生的?	A 使用者不知道前面是谁使用了公共毛巾	
			B 容易导致疾病传染	√
			C 公共毛巾很快就破旧了	

15 事故预防，劳动保护

标识	问题	选项	答案
1	事故预防规定的意义是什么？	A 有约束力的最低要求，不满足其要求就会受处罚	√
		B 相关行业使用的技术规则	
		C 劳动安全保障的建议	
2	法定事故保险是针对在工作中发生事故的后果而设置的，其涉及哪些人员？	A 与法定保险公司签订保险合同的人	
		B 与法定保险公司签订保险合同，且按时支付保险金的人	
		C 每一个在工作、出差或学习的职员	√
3	设施在第一次投入运行前，为什么要开展事故风险评估？	A 保证实现无故障的运行	
		B 确定相关措施，确保不发生事故和有害员工健康的事件	√
		C 避免费用暴涨发生	

标识	问题	选项	答案
4	在哪里保管事故预防的相关规定?	A 列入档案	
		B 公开放置,全体员工都可以获取	√
		C 放在急救箱中	
5	事故预防规定适用于谁?	A 被保险人和企业主	√
		B 仅针对企业主,因为他们是管理企业资金的	
		C 仅针对有保险的员工,因为发生事故后,他们按照意外保险合同有权获得赔偿	
6	为何污水处理厂工作区域和周边区域都必须有安全防护?	A 因为可能会有访客	
		B 为了降低维护成本	
		C 为了工作安全的需要	√
7	井盖只允许采用什么工具开启?	A 十字镐头	
		B 采用专业厂商的开盖工具(井盖开盖器)	√
		C 撬棍	
8	在检查井和水池工作时,为什么要用救生安全带代替一般的安全带?	A 救生安全带比固定安全带有更高的强度	
		B 失去知觉的人可以垂直悬挂在救生安全带上	√
		C 因为救生安全带更便宜	

标识	问题	选项	答案
9	进入检查井时,是否允许采用带有滑轮的三脚架?	A 允许,没有原则性的反对意见	
		B 不允许	√
		C 不允许,因为三脚架的稳固性是不能够保证的	
10	进入检查井时,最重要的安全措施是什么?	A 安全服	
		B 到位的救生措施	√
		C 祷告	
11	进入检查井时,必须采取哪些安全防范措施?	A 至少要两个人同时下井	
		B 系安全绳、携带自给式呼吸器和井外需要另外一个人监视	√
		C 带矿灯下井	
12	要进入检查井工作,需要多少人在场?	A 一个	
		B 两个,其中一人在井外操作防坠设备	√
		C 三个,其中两个在井外监视	
13	在排水管道内巡查前,至少要打开几个检查井井盖?	A 6个	
		B 2个	√
		C 1个	

标识	问题	选项	答案
14	入井工作前，检查井井盖至少要打开多长时间？	A 直到经彻底通风后确认没有有害或爆炸性气体存在	√
		B 30 min	
		C 60 min	
15	下检查井时，什么位置风险最大？	A 不能通风的地下污水设施	√
		B 有电缆线的排水管道	
		C 开放的平底雨水溢流池	
16	安全裤的特点是什么？	A 臀部加厚	
		B 带有救生带	√
		C 臀部带有可充气的缓冲垫	
17	在排水管道和检查井工作时，必须佩戴什么？	A 一般的帽子	
		B 安全帽	√
		C 带有护颈的帽子	
18	在较深的检查井里工作时，最大的风险是哪一项？	A 黑暗	
		B 窒息	√
		C 活动限制	
19	带固定轴的井盖在开启后，必须要防止突然关闭吗？	A 是的，要设置固定装置，避免不经意的井盖关闭	√
		B 是的，要设置制动链条	
		C 不需要，因为运维人员戴着安全帽	

标识	问题	选项	答案
20	在一个通风很差的检查井内,要进行焊接工作,焊接助手用氧气瓶向检查井供氧,你怎么评价?	A 有生命危险 B 具有示范性 C 徒劳的	√
21	水池中没有设置固定爬梯,运维人员如何做到无风险地上下?	A 采用可连接的爬梯,或者可拴定的爬梯 B 直接跳下去 C 采用不固定的人字梯	√
22	可供人行走的井盖和通道,为什么不能够用木质材料制作?	A 木质材料是易燃的 B 木质材料潮湿时,是不防滑的和容易风化的 C 木质井盖的维护成本太高	√ (B)
23	哪种照明器具允许在地下污水泵房中使用?	A 从建筑市场购买的手电筒 B 可在潮湿环境和浸泡环境中使用的手提灯,或者可以固定安装的灯具 C 具有防爆功能的手提灯,或者可以固定安装的灯具	√ (C)

标识	问题	选项	答案
24	在哪些场合中规定使用低压手提灯?	A 在潮湿的环境(泵房、检查井、水池)和流水的狭窄空间(锅炉、管道等)中	√
		B 在有爆炸风险的环境中	
		C 在配电室	
25	“Ex”标识的含义是什么?	A 关闭	
		B 电池没有电	
		C 防爆	√
26	防爆档案的内容是什么?	A 保障一个非爆炸性的环境	
		B 记录了防爆安全措施	√
		C 记录已发生的爆炸事件	
27	用什么装置检测检查井、泵房吸水井、排水管渠中的可燃或有毒气体?	A 采用多成分的气体检测仪,或者带有试管的气体检测仪	√
		B 用嗅觉	
		C 用明火	
28	当出入检查井、泵房吸水井时,哪个措施是正确的?	A 通知第二个人相关情况	
		B 系好带有安全装置的安全绳、另外一个同事在井外,并监控提升装置	√
		C 穿着雨靴	

标识		问题	选项	答案
	29	为什么V型皮带传动装置四周都要做防护？	A 为了避免皮带滑脱 B 为了保证皮带张紧度是均匀的 C 因为其导致的伤亡风险很大	 √
	30	当您在使用电钻时，突然断电了，在这种情况下，您首先要做的是什么？	A 让电工来处理 B 检查电源保险是否烧坏了 C 关闭开关	 √
	31	什么时候应该检查工具和工作设备是否都是合规可用的？	A 每次使用前 B 每个月检查一次 C 每年检查一次	√
	32	在什么情况下应该发组合警报？	A 仅在有高重金属浓度进水的情况下告知 B 仅在有缺氧和爆炸的风险的情况下告知 C 在出现硫化氢、缺氧、二氧化碳和爆炸风险时	 √
	33	通行许可证签发后，何种情况允许在易爆区域内使用可产生火花的工具工作？	A 在至少通风15 min后 B 在使用呼吸面罩时 C 当仪器检测证明没有易燃易爆气体且要保持监测时	 √

标识	问题	选项	答案
34	如何能够正确判定、检查井内是否存在爆炸的风险?	A 使用煤油灯	
		B 通过是否有气味来判定	
		C 使用便携式防爆报警装置	√
35	谁被允许可以使用正压自给式呼吸器?	A 每一个潜水工作的人员	
		B 按照 G26.3 规定通过健康检查且相关培训合格的人员	√
		C 没有胡须的工人	
36	什么是压力空气呼吸器?	A 用手动控制空气泵对一段较短管道进行通风	
		B 一种呼吸保护装置	√
		C 生物净化设施的曝气装置	
37	在污水处理厂若要处理一件紧急事件,考虑到安全防护的成本问题,允许不遵守事故安全防范规定,从而让这一紧急事件得以容易处置吗?	A 不允许,必须严格遵守事故安全防范相关规定	√
		B 允许,如果主管领导对此承担责任的话	
		C 允许,如果运行协会(员工协会)对此同意的话	

标识	问题	选项	答案
38	什么是工作事故？	A 不论是在工厂中、在家中还是在打黑工中发生的每一个事故	
		B 一种被保险人因从事职业活动而发生的事故	√
		C 投保者在小菜园劳动时所发生的事故	
39	污水处理设施用于第一时间救治的最低装备配备要求是什么？	A 绷带和橡皮膏	
		B 家用药箱	
		C 按照德国工业标准 DIN 13157C 配置的统一医药箱	√
40	为什么急救医药箱中可以不允许包含药品药物？	A 药品需要遵医嘱开方	√
		B 购置治疗伤痛药物是昂贵的，不是企业所能够承受的	
		C 因为药品在药箱中不能够整齐地摆放	
41	如何保证急救救治是有效的？	A 自行将伤者送去医院	
		B 给受伤者喝含酒精饮料，使其保持安静	
		C 所有员工都应尽量接受有效的急救培训	√

标识		问题	选项	答案
	42	当发生工作事故时，您受了并非很轻微的伤，但是您不清楚是不是应该去医院救治，请问事故防范规定对此是如何规定的？	A 在发生工作事故后，应立即进行急救，并送到医院	√
			B 在相关事故预防措施文件中没有此项规定	
			C 只要同事在第一时间进行了救治，可以等下班后再找医生	
	43	您的同事不幸从梯子上跌下，摔断了腿。血从伤口处不断流出，您第一时间该怎么办？	A 立即用无菌绷带包扎伤口	√
			B 立即将受伤者送到最近的医院	
			C 绑扎动脉	
	44	如果您的同事在检查井内不幸发生事故，第一个求救电话您应该打给谁？	A 警察	
			B 消防队	√
			C 查号台	
▲	45	沼气在什么情况下会爆炸？	A 只要不与空气混合	
			B 当空气中的甲烷含量达到5%～14%时	√
			C 当二氧化碳含量大于30%时	
▲	46	一个容积为5 000 m^3的沼气罐，其安全防范范围是多大？	A 沼气罐及外围6 m范围	√
			B 沼气罐占据的范围	
			C 沼气罐外围15 m范围	

标识		问题	选项	答案
▲	47	在什么范围内禁止吸烟？	A 消化池区域 B 初沉池区域 C 曝气池区域	√
▲○♣	48	事故规定由什么机构发布？	A 联邦议会 B 地区议会 C 法定意外保险机构	 √
▲○♣	49	污水处理厂公职人员的法定意外保险承担方是谁？	A 所在地的意外保险协会，或者工会 B 雇主方的第三责任保险 C 员工的医疗保险公司	√
▲○♣	50	如果危险不能自行消除，污水处理厂员工该如何应对？	A 危险点源保护或者封锁隔离，书面上报主管部门 B 停运污水处理厂，并告上级主管 C 避开危险源，并上报上级主管部门	√
▲○♣	51	急救学习是污水处理厂人员的义务吗？	A 不是，但是非常推荐 B 是的，每一个工作小组都要明确一个第一救治责任人 C 是，但是仅针对污水厂负责人	 √

标识		问题	选项	答案
▲○♣	52	在使用电动剪刀修剪树木时，为什么必须要双手操控？	A 避免手受伤	√
			B 预防触电事故发生	
			C 避免手腕因过度紧张受到伤害	
▲○♣	53	使用电动割草机修剪斜坡面草坪时，如何尽可能避免受伤？	A 在晴天沿着斜坡面修剪	√
			B 从下向上，或者折返式	
			C 和废气排放与风向有关	
▲○♣	54	污水处理厂必须封闭管理，对此哪个选项是正确的？	A 没有人可以看到，里面是如何管理的	
			B 没有许可，不允许进入厂内	√
			C 给污水处理厂人员提供一个安静和不受打扰的工作环境	
▲○♣	55	当您需要清理螺旋提升泵时，首先要做什么？	A 关闭泵站吸水井闸门	
			B 将闸门切换到手动位置	
			C 确保设施不会再次启动，并悬挂指示牌	√
▲○♣	56	在巡查排水管渠状态前，最重要的措施是什么？	A 排空需要巡检的管道中的污水	
			B 在下井之前，要对相关管段进行有效通风	√
			C 在工作地点放置事故防范规定	

标识		问题	选项	答案
▲○♣	57	为什么超过5个台阶就必须至少有1个扶手？	A 出于建筑美观的原因 B 出于能够牢固抓住和防坠落的原因 C 为了高龄访问者	 √
▲○♣	58	污水池存在溺水的风险，设置一定数量及位置合适用于自救的爬梯非常有必要，因为溺水者的游泳距离不能超过：	A 10 m B 15 m C 20 m	 √
▲❊♣	59	如何保证不会从生物滤池中间井跌落？	A 安装栅板井盖 B 安装木质的井盖 C 旋转布水器足以作为防止跌落的措施	√
▲❊♣	60	为什么说跌落至曝气池是有生命危险的？	A 浮力减少和强烈的紊流影响导致落水者游动困难 B 会受到细菌感染 C 落水者体温会过度下降	√
▲❊♣	61	什么原因导致曝气池中的落水者游动困难，甚至不可能游动？	A 曝气池水中的污泥含量 B 曝气池水中的空气含量，且紊动强烈 C 曝气池中的水温	 √

附录　作者介绍

尤塔·奥斯特尔曼-华恩女士(Prof. Dr.-Ing. Ute Austermann-Haun)，教授、工学博士，生于德特莫尔德，首先她攻读土木工程专业并以结构工程为深入方向，毕业之后她就职于汉诺威一家工程事务所。在工作中她对污水专业产生了兴趣，于是再次就读土木工程专业并专攻水利方向。在获得研究生学位后，她在汉诺威大学污水管理及废弃物技术研究所担任研究助理，在获得博士学位后担任该研究所总工程师。自 1999 年起她成为东威斯特法伦-利普应用科技大学土木工程系教授。

奥斯特尔曼-华恩博士一直以各种方式参与到 DWA 德国水协的工作中。自 1988 年起她一直教授污水厂运维基础课程。1993 年她成为相邻区域的专业教师，1994 年成为德国北部污水厂运维基础课程的主管，并在之后一直深入研究和发展该课程。除此之外，她是专业课程 IG-2“工业污水”的主席和发言人，和与工业污水相关的多个 DWA-工作组的成员，同时也是 DIN 德国工业标准委员会分管污水技术发展的主席。

汉内斯·费尔波先生（Dipl.-Ing. Hannes Felber），生于慕尼黑，学习土木工程专业。在慕尼黑一家建筑公司工作几年后，后调至德根霍夫水管理办公室工作。并于1975年通过国家考试后，就职于当时位于慕尼黑的巴伐利亚州水管理办公室的水质管理部门。在那里，他从污水处理厂运营中获得了丰富的经验，并有效地应用了这些经验。1978年他成为相邻区域的专业教师，1980年成为污水厂运维基础课程主管。1987年他加入了负责DWA专家委员会BIZ-2并获得了ATV-金奖荣誉，同时也负责污水工匠师的继续教育培训。

自1984年他参与负责供排水培训，1994年开始他积极参与到水管理领域非公立专家的认证和建立工作。自1997年他加入慕尼黑城市排水公司，成为古特·格罗斯拉彭污水厂污水处理、污泥处理和污泥焚烧的过程工艺负责人，从2008年起他开始从事公司的技术管理工作。